乌梁素海生态补水研究

万 芳 著

科学出版社

北 京

内 容 简 介

　　乌梁素海是由黄河改道形成的河迹湖,是全国八大淡水湖之一,其生态环境极其脆弱,亟待整治。本书系统论述乌梁素海生态补水的必要性、过程及成效。全书共 6 章,针对乌梁素海水环境问题,对湖泊及流域水循环承载力进行计算和控制,研究乌梁素海生态需水量,并从黄河引水对其进行生态补水,对生态补水方案进行评价和论证。通过对乌梁素海的生态修复,乌梁素海水质得到明显改善,同时对于维持黄河中上游及西北地区生态平衡具有至关重要的作用。

　　本书可供高等院校水文学及水资源、管理科学、水资源系统规划、水生态文明建设等专业或研究方向的师生阅读,也可供相关专业的科研人员及关注水利行业发展的读者参考使用,并可为湖泊、水库管理部门进行生态修复工作提供参考和借鉴。

图书在版编目(CIP)数据

乌梁素海生态补水研究/万芳著. —北京:科学出版社,2019.6
ISBN 978-7-03-060188-9

Ⅰ.①乌… Ⅱ.①万… Ⅲ.①淡水湖-跨流域引水-研究-内蒙古
Ⅳ.①TV67

中国版本图书馆 CIP 数据核字(2018)第 288804 号

责任编辑:姚庆爽 / 责任校对:彭珍珍
责任印制:吴兆东 / 封面设计:蓝正设计

科 学 出 版 社 出版
北京东黄城根北街 16 号
邮政编码:100717
http://www.sciencep.com

北京九州迅驰传媒文化有限公司 印刷
科学出版社发行 各地新华书店经销
*
2019 年 6 月第 一 版 开本:720×1000 B5
2019 年 6 月第一次印刷 印张:8 3/4
字数:200 000

定价:80.00 元
(如有印装质量问题,我社负责调换)

前　言

乌梁素海位于内蒙古自治区西部巴彦淖尔市乌拉特前旗境内,是由黄河改道形成的河迹湖,截至 2010 年底,湖面面积为 293km²,是中国八大淡水湖之一。乌梁素海是全球荒漠半荒漠地区极为罕见的具有生物多样性和环保多功能的大型草原湖泊,对维护中国西北地区乃至更广大区域的生态平衡、保护物种的多样性起着举足轻重的作用。乌梁素海不仅蕴含着巨大的水生植物、渔业、鸟类和旅游业等资源,在我国北方地区承担重要的生态屏障作用,同时,还是确保黄河内蒙古河段枯水期不断流的重要水源补给库,也是黄河凌期及当地局地暴雨洪水的滞洪库,对于维系黄河水系具有不可替代的作用。乌梁素海是河套灌区的重要组成部分,它接纳了河套地区 90%以上的农田排水,经过湖泊的生物生化作用后排入黄河,客观上起到改善黄河水质、调控黄河水量、控制河套地区盐碱化等关键作用,减少了农业排水对黄河水质的直接影响。

近年来,巴彦淖尔市工业化、城镇化进程的加速带来的工业废水、城镇生活污水和农业退水的大量排放,以及湖泊自身因素,导致湖泊富营养化严重,水域生态环境恶化。这不仅影响湖泊整体功能发挥,还直接影响到区域粮食安全,并威胁到黄河中下游供水安全。乌梁素海的水生态环境问题已经成为该地区乃至整个内蒙古自治区经济社会可持续发展的制约因素。

本书针对内蒙古乌梁素海水环境问题,提出乌梁素海的水生态系统修复措施,论证对其进行生态补水是行之有效的,同时结合湖泊的现状,生成四个生态补水方案;通过建立生态补水模型,对方案进行调节计算;采用定性与定量相结合的分析,构建补水方案的评价指标体系,采用线性加权综合法对补水方案进行评价,推荐最优方案。本书的主要研究内容及取得的成果包括以下方面。

(1) 对流域污染物入湖量进行分析,并对流域污染负荷趋势进行预测,利用水动力水质模型分析并计算乌梁素海水环境容量,基于各排干沟纳污能力计算制定适合乌梁素海流域特点的总量控制对策。

(2) 对河套灌区现状、排灌系统的运行状况、乌梁素海的水污染情况、乌梁素海污染源和退向黄河水量的分析表明,乌梁素海水质类别全部为劣Ⅴ类,均不达标。同时,对黄河水质的监测结果显示,2008 年所有监测断面均为超Ⅲ类水质,其中乌梁素海及其退水渠各断面全部为劣Ⅴ类,污染物总量控制主要考虑化学需氧量和氨氮两种污染参数。

(3) 分析确定了乌梁素海在不同水质目标下的生态需水量。在充分考虑乌梁素海现状前提下,确定生态补水计算水平年:2005 现状年、2015 水平年和 2020 水平年,根据湖泊的水生态系统现状确定乌梁素海的生态需水量,包括蒸发量、渗漏量和污染物稀释需水量。介绍了水量平衡法、换水周期法、最小水位法和功能法等湖泊生态需水量的计算方法,本书针对乌梁素海的实际情况,利用功能法较准确地确定了不同水平年在不同水质目标下的生态需水量,为生态补水提供依据。

(4)生成生态补水方案。针对乌梁素海水污染问题进行生态修复,其中对湖泊的生态补水是行之有效的措施之一。本书根据生态补水时机和由不同水平年的乌梁素海生态需水量确定的不同生态补水量,在三个水平年各生成四个不同的生态补水方案。

(5)针对乌梁素海的水环境问题,建立了生态补水模拟模型。其中,补水模型的目标有防洪减灾目标、生态目标和水资源利用目标;约束条件有节点平衡约束、节点间水流连续性约束、水库水量平衡约束、水库库容约束、防凌约束、出库流量约束、出力约束和变量非负约束。根据全流域统一调度原则,对生态补水模型进行求解。由生态补水合理性评价指标体系,利用生态补水模型对不同的补水方案进行合理性计算。

(6)从湖泊可调水量、水质改善效果和调水经济性角度出发,建立了乌梁素海生态补水方案评价指标体系。可调水量指标主要分析生态调水后对梯级发电、出力、黄河各部门用水等的影响;水质改善效果指标主要指湖泊平均浓度;经济指标则由调水量水费和渠道修缮反映。根据乌梁素海生态补水的实际情况,采用线性加权综合法对补水方案进行评价,得出相对最优的补水方案。

(7)针对推荐方案,简述了生态补水成效,包括在各水平年对乌梁素海水生态系统的改善作用,对预防内蒙古河段突发水污染发生的作用,对内蒙古河段防凌的作用,以及对预防头道拐断面预警流量的作用。

综上所述,乌梁素海流域综合治理是一项复杂的、艰巨的、长期的任务,对乌梁素海生态补水遵循人与自然和谐相处和维持黄河健康生命的发展理念具有举足轻重的作用,能为水生态文明建设提供依据,具有重要的理论意义和良好的应用前景。

在本书撰写过程中,作者得到了中国环境科学研究院、水利部黄河水利委员会和黄河水利科学研究院等的指导,得到黄强、邱林、吴泽宁、王文川、原文林等教授的帮助;此外,科学出版社的姚庆爽编辑也给予了大力支持,使本书得以顺利出版。在此深表谢意! 本书参阅并引用了大量的文献,在此对这些文献的作者表示诚挚的感谢!

由于作者水平有限,书中难免存在不妥之处,恳请广大读者给予批评指正。

作　者

2018 年 10 月

于郑州

目　　录

前言

第1章　绪论 ··· 1

　　1.1　乌梁素海生态补水的必要性和紧迫性 ·· 1

　　1.2　乌梁素海面临的主要问题 ··· 3

　　1.3　湖泊生态修复的国内外进展 ·· 5

　　1.4　生态补水及生态需水的研究进展 ·· 8

　　　　1.4.1　生态补水的研究进展 ·· 8

　　　　1.4.2　生态需水的研究进展 ·· 10

　　1.5　研究内容与技术路线 ·· 14

　　　　1.5.1　研究的主要内容 ··· 14

　　　　1.5.2　拟采取的技术路线 ·· 14

　　1.6　小结 ·· 15

第2章　河套灌区及乌梁素海概况 ··· 16

　　2.1　河套灌区生态系统现状 ··· 16

　　　　2.1.1　河套灌区简介 ·· 16

　　　　2.1.2　灌区水资源及其存在的主要问题 ·· 16

　　　　2.1.3　排灌系统的发展 ··· 17

　　2.2　乌梁素海及周边相关水域水资源质量状况 ··· 19

　　　　2.2.1　乌梁素海概况 ·· 19

　　　　2.2.2　退水水量 ··· 21

　　　　2.2.3　湖区及退水水质 ··· 22

　　　　2.2.4　黄河水质现状 ·· 22

　　2.3　小结 ·· 24

第3章　湖泊及流域水环境承载力与总量控制对策 ·· 25

　　3.1　流域污染物入湖量及其平衡 ·· 25

　　　　3.1.1　流域主要污染物入湖量 ·· 25

　　　　3.1.2　流域主要污染物入湖途径 ·· 25

　　　　3.1.3　湖泊水体主要污染物平衡分析 ··· 26

　　3.2　流域主要污染负荷趋势预测 ·· 26

　　　　3.2.1　流域人口与社会经济发展预测 ··· 27

3.2.2 流域污染负荷趋势预测 ⋯⋯⋯⋯⋯⋯⋯⋯⋯⋯ 29

3.2.3 不同规划期污染负荷预测汇总 ⋯⋯⋯⋯⋯⋯⋯⋯ 35

3.3 乌梁素海水环境容量分析与估算⋯⋯⋯⋯⋯⋯⋯⋯⋯⋯ 38

3.3.1 乌梁素海水动力水质模拟 ⋯⋯⋯⋯⋯⋯⋯⋯⋯⋯ 38

3.3.2 乌梁素海水环境容量 ⋯⋯⋯⋯⋯⋯⋯⋯⋯⋯⋯⋯ 45

3.4 乌梁素海流域主要污染物总量控制分析与对策⋯⋯⋯⋯⋯ 53

3.4.1 乌梁素海水环境容量初次分配 ⋯⋯⋯⋯⋯⋯⋯⋯ 53

3.4.2 各排干沟纳污能力计算 ⋯⋯⋯⋯⋯⋯⋯⋯⋯⋯⋯ 55

3.4.3 容量总量分配及主要污染负荷消减方案 ⋯⋯⋯⋯ 58

3.5 小结⋯⋯⋯⋯⋯⋯⋯⋯⋯⋯⋯⋯⋯⋯⋯⋯⋯⋯⋯⋯⋯⋯ 66

第4章 乌梁素海生态需水研究 ⋯⋯⋯⋯⋯⋯⋯⋯⋯⋯⋯⋯⋯⋯⋯ 70

4.1 湖泊生态需水内涵及相关概念⋯⋯⋯⋯⋯⋯⋯⋯⋯⋯⋯⋯ 70

4.1.1 内涵 ⋯⋯⋯⋯⋯⋯⋯⋯⋯⋯⋯⋯⋯⋯⋯⋯⋯⋯⋯ 70

4.1.2 相关概念 ⋯⋯⋯⋯⋯⋯⋯⋯⋯⋯⋯⋯⋯⋯⋯⋯⋯ 71

4.2 湖泊生态需水量估算方法⋯⋯⋯⋯⋯⋯⋯⋯⋯⋯⋯⋯⋯⋯ 72

4.2.1 水量平衡法 ⋯⋯⋯⋯⋯⋯⋯⋯⋯⋯⋯⋯⋯⋯⋯⋯ 72

4.2.2 换水周期法 ⋯⋯⋯⋯⋯⋯⋯⋯⋯⋯⋯⋯⋯⋯⋯⋯ 73

4.2.3 最小水位法 ⋯⋯⋯⋯⋯⋯⋯⋯⋯⋯⋯⋯⋯⋯⋯⋯ 73

4.2.4 功能法 ⋯⋯⋯⋯⋯⋯⋯⋯⋯⋯⋯⋯⋯⋯⋯⋯⋯⋯ 74

4.2.5 不同计算方法比较 ⋯⋯⋯⋯⋯⋯⋯⋯⋯⋯⋯⋯⋯ 75

4.3 乌梁素海生态环境保护目标⋯⋯⋯⋯⋯⋯⋯⋯⋯⋯⋯⋯⋯ 76

4.3.1 主要保护目标 ⋯⋯⋯⋯⋯⋯⋯⋯⋯⋯⋯⋯⋯⋯⋯ 76

4.3.2 生态保护步骤 ⋯⋯⋯⋯⋯⋯⋯⋯⋯⋯⋯⋯⋯⋯⋯ 76

4.3.3 计算范围和水平年 ⋯⋯⋯⋯⋯⋯⋯⋯⋯⋯⋯⋯⋯ 76

4.4 乌梁素海的生态需水量估算⋯⋯⋯⋯⋯⋯⋯⋯⋯⋯⋯⋯⋯ 77

4.4.1 水量及水质资料 ⋯⋯⋯⋯⋯⋯⋯⋯⋯⋯⋯⋯⋯⋯ 77

4.4.2 乌梁素海生态需水量 ⋯⋯⋯⋯⋯⋯⋯⋯⋯⋯⋯⋯ 79

4.5 小结⋯⋯⋯⋯⋯⋯⋯⋯⋯⋯⋯⋯⋯⋯⋯⋯⋯⋯⋯⋯⋯⋯ 82

第5章 乌梁素海生态补水模型建立及求解 ⋯⋯⋯⋯⋯⋯⋯⋯⋯⋯ 83

5.1 乌梁素海生态补水模型⋯⋯⋯⋯⋯⋯⋯⋯⋯⋯⋯⋯⋯⋯⋯ 83

5.1.1 黄河流域概化及节点描述 ⋯⋯⋯⋯⋯⋯⋯⋯⋯⋯ 83

5.1.2 模型变量说明 ⋯⋯⋯⋯⋯⋯⋯⋯⋯⋯⋯⋯⋯⋯⋯ 84

5.1.3 生态补水模型的目标 ⋯⋯⋯⋯⋯⋯⋯⋯⋯⋯⋯⋯ 85

5.1.4 约束条件 ⋯⋯⋯⋯⋯⋯⋯⋯⋯⋯⋯⋯⋯⋯⋯⋯⋯ 86

5.1.5 生态补水模型的求解 ⋯⋯⋯⋯⋯⋯⋯⋯⋯⋯⋯⋯ 88

　　　5.1.6　生态补水合理性评价指标体系 ················ 91
　　5.2　生态补水方案拟订 ························· 93
　　　5.2.1　生态补水时机确定 ···················· 93
　　　5.2.2　生态补水方案拟订 ···················· 98
　　5.3　生态补水计算结果 ························ 101
　　　5.3.1　现状 2005 年生态补水结果 ··············· 101
　　　5.3.2　2015 水平年生态补水结果 ··············· 103
　　　5.3.3　2020 水平年生态补水结果 ··············· 105
　　　5.3.4　各不同水平年补水结果 ················· 107
　　5.4　小结 ······························· 107
第 6 章　生态补水方案评价研究 ····················· 108
　　6.1　乌梁素海生态补水方案评价理论及模型体系框架 ······· 108
　　　6.1.1　评价的概念 ······················· 108
　　　6.1.2　评价的内容 ······················· 108
　　　6.1.3　评价的程序 ······················· 108
　　6.2　生态补水方案评价指标体系的建立 ··············· 109
　　　6.2.1　指标体系建立的原则 ·················· 109
　　　6.2.2　指标体系框架 ······················ 110
　　6.3　方案评价模型简介 ························ 111
　　　6.3.1　线性加权综合法 ····················· 111
　　　6.3.2　乘法合成法 ······················· 112
　　　6.3.3　层次分析法 ······················· 113
　　6.4　乌梁素海生态补水方案评价 ··················· 116
　　　6.4.1　线性加权法的基本分析方法 ··············· 116
　　　6.4.2　生态补水方案评价指标确定 ··············· 119
　　6.5　乌梁素海生态补水成效 ···················· 124
　　　6.5.1　对乌梁素海水生态系统改善作用 ············ 124
　　　6.5.2　对预防内蒙古河段突发水污染发生的作用 ········ 125
　　　6.5.3　对内蒙古河段防凌的作用 ················ 125
　　　6.5.4　预防头道拐断面预警流量的作用 ············ 125
　　6.6　小结 ······························· 126
参考文献 ·································· 127

第1章 绪 论

1.1 乌梁素海生态补水的必要性和紧迫性

乌梁素海形成于 19 世纪中叶,是由黄河改道形成的河迹湖,位于我国内蒙古自治区巴彦淖尔市境内。乌梁素海 2010 年面积 293km²,是全国八大淡水湖之一,是黄河上游最大的岸边湖泊,同时也是全球荒漠半荒漠地区极为罕见的具有生物多样性和环保多功能的大型草原湖泊,还是地球同纬度最大的自然湿地,2002 年被国际湿地公约组织列入《国际重要湿地名录》。乌梁素海已经成为我国北方地区重要的生态屏障和鸟类栖息繁衍地,但其生态环境极其脆弱,受人类活动影响大,亟待整治。

(1) 乌梁素海的生存直接关系到内蒙古地区经济社会发展。

乌梁素海位于内蒙古呼和浩特、包头、鄂尔多斯三角地的边缘,是内蒙古河套灌区的天然排泄区和黄河巴彦淖尔段的滞洪区。河套灌区是全国三个特大型灌区之一,是国家重要的粮食生产基地,其周边和阴山山脉地区是蒙古族、满族等少数民族居住地,经济发展相对滞后,贫困人口较多。虽然 1978 年以来有了较大发展,但在内蒙古仍属较为贫困地区。居住在乌梁素海周边及乌拉特草原上的蒙古族群众,随着水面缩小和草原退化,将逐步失去赖以生存的家园。鉴于乌梁素海地处少数民族地区,从国家层面统筹考虑乌梁素海的生态保护,促进周边地区民族经济、社会和环境的协调发展,十分必要。

(2) 乌梁素海是我国西部地区重要的生态屏障。

乌梁素海周边南、东、北三面环山,西海岸与内蒙古河套灌区接壤,灌区西部是我国四大沙漠之一的乌兰布和沙漠,往南是腾格里和库布其沙漠,海区往东是乌梁素海因面积萎缩、生态恶化形成的苏吉沙区。横亘在荒山、沙漠、平原之间的乌梁素海,成为调节、改善周边环境的宝贵水域和绿洲,是阻止沙漠东进的天然生态屏障。乌梁素海湿地目前水质污染严重,成为典型的重度富营养化的草型湖泊,挺水植物占据了一半的水面,明水面也几乎全部被沉水植物充塞,湖底以每年 6～9mm 的速度升高,如不加快抢救治理,乌梁素海将在未来 10～20 年内消失,周边沙漠将以会合之势长驱东移,影响整个华北地区乃至半个中国,加剧西北及京津地区沙尘暴天气,对北方的生态安全形成新的威胁。在气候日趋干旱、降雨量不足 200mm、蒸发量大于 2300mm 的我国西部,如此稀缺的大型淡水湖泊对调节西部地区干旱气候、改善区域温湿状况、涵养周边地下水源、维持黄河中上游及西北地区生态平衡具有至关重要的作用。

（3）乌梁素海是地球同纬度最大的自然湿地、亚洲重要的生物多样性保护区，是多种候鸟迁徙的必经之地。

乌梁素海是世界上重要的鸟类迁徙地和繁殖地。乌梁素海位于欧亚大陆的中部，是水鸟迁徙的重要途经地，是很多雁鸭类迁徙途中的换羽地，是国际八大候鸟亚欧—西伯利亚迁徙通道的重要节点。目前湖区内有各种鸟类 180 多种 600 多万只，其中被列入国家一级保护动物 5 种，即黑鹳、玉带海雕、白尾海雕、大鸨、遗鸥等世界珍贵、濒危鸟类；有国家二级保护动物 25 种。尤其是珍稀的疣鼻天鹅，每年 3～10 月有 600 多只在此栖息繁衍。乌梁素海对于保持生物多样性，保护水生植物资源、鱼类和鸟类资源具有十分重要的意义，对保护鸟类物种的多样性发挥了不可替代的作用。乌梁素海已经成为国际重要生物多样性保护区。

（4）乌梁素海是河套灌区唯一的排水承泄区，具有净化河套灌区退水、保障黄河水环境安全的重要作用。

黄河流经内蒙古巴彦淖尔市 345km，河套灌区从上游三盛公一首制自流引水灌溉，灌区 90% 以上的农田排水和工业、生活废水经各级排干沟全部汇入乌梁素海，通过湖泊的沉淀、净化后，经过全市唯一的入黄口排入黄河。多年来，乌梁素海以自身的积盐纳污功能减少了巴彦淖尔市对黄河水体的直接污染，为保障黄河下游的水质安全做出了重大贡献。如果乌梁素海水位不断下降、水面不断减少、蓄水净化能力下降、水质污染加剧，向黄河退水时，必然造成黄河内蒙古河段内突发性水污染事件，下游 90km 处的包头市和包钢的取水水源地供水将全部中断，包钢将面临被迫减产或停产。类似 2004 年 "6·26" 突入污染事件将不可避免地发生，与之相关联的工业生产链及相关城市也将受到很大程度的影响，经济损失会以亿计。

（5）乌梁素海是黄河中上游分凌减灾的重要滞洪区，滞蓄凌峰减缓内蒙古河段防凌压力。

乌梁素海作为黄河分凌减灾分洪库，为黄河汛期分凌、枯期补水发挥了重要作用。

黄河内蒙古河段地处黄河流域最北端，冬季严寒而漫长，结冰期长达 4～5 个月，一般每年 11 月下旬开始流凌，12 月上旬封冻，翌年 3 月下旬开河，封冻天数一般 100d 左右，多年平均槽蓄水量 8 亿～10 亿 m³，最多时达 18 亿 m³。由于内蒙古河段开河期受气温影响大，开河时槽蓄水量极易集中释放，形成高水位的凌峰。

乌梁素海所处的地理位置和现有引水条件决定了其能够为黄河内蒙古河段防凌减灾发挥重要作用。黄河防汛抗旱总指挥部文件《关于 2009～2010 年度内蒙古自治区黄河凌汛期应急分洪区运行调度修订方案的批复》将乌梁素海作为黄河中上游重要的分凌通道,在每年开河期利用河套灌区现有渠系工程将凌汛期黄河水从三盛公水利枢纽以及沈乌闸分滞到乌梁素海,有效减少拦河闸下至三湖河口河段的槽蓄水量,降低黄河凌汛期水位,减轻黄河防凌的压力,不仅节约抢险投资、便于管理,还可以适时对乌梁素海进行生态补水,解决湖泊水量不足生态难以维系的问题。根据近年凌汛期相机补水的实践看,凌汛开河期分水是可行的,尤其在黄河干流大柳树、海勃湾等骨干调蓄工程产生效果之前,利用乌梁素海滞蓄凌水将使多方受益。

(6)乌梁素海是保障河套灌区粮食安全和可持续发展的重要环节。

乌梁素海对河套灌区灌溉排水工程正常运行、控制盐碱化、灌区水盐平衡和维持灌区水环境系统平衡起着关键性作用。20 世纪 80 年代以来,灌区向乌梁素海每年平均排水量为 5 亿 m^3,排盐量为 120 万 t,改善了河套灌区水盐状况,抑制了灌区土壤盐渍化进一步发展,维持了河套灌区生存和可持续发展。一旦乌梁素海水质全面恶化或严重缺水,区域粮食安全危机将不可避免。乌梁素海作为鱼苇生产基地和旅游开发重点,是具有较高生态效益、经济效益的大型多功能湖泊,蕴含着巨大的水生物资源、渔业资源、鸟类资源和旅游资源。每年鱼产量达 2000～3000t,年产芦苇 10 万 t 以上,是海区周边 2 万多人赖以生存的基础。

1.2 乌梁素海面临的主要问题

目前,乌梁素海面临的主要问题有:①生态需水明显不足,湖区面积萎缩,生态功能严重退化;②污染物长期累积,内源污染严重,沼泽化趋势明显加快;③流域环境治理整体水平不高,外源污染和水土流失依然严重。

(1)为遏制水面迅速减少的趋势,维持现有水面,应采取相应措施满足生态需水要求。

20 世纪 50 年代初期,乌梁素海面积约 800km^2,平均水深 3m,到 2010 年底,面积仅有 293km^2,平均水深不足 1m,库容仅为 3.2 亿 m^3。乌梁素海不同于其他湖泊,主要补水来源是河套灌区各级排干沟的农田退水和巴彦淖尔市的生活污水及工业废水。按照水利部黄河水利委员会的要求,河套灌区年均净引黄水量从 20 世纪八九十年代的 52 亿 m^3 下降到 2010 年的近 49 亿 m^3,流域年均降雨量从 260mm 下降到 170mm,灌区年均补给乌梁素海的水量由 7 亿 m^3 减少为 4 亿 m^3 左右,而且呈现逐年减少的趋势。根据《河套灌区节水改造规划》,灌区节水改造以后,年均补给水量进一步减少到 3 亿 m^3。据《巴彦淖尔水资源综合规划报告》分析,为了维持现有水面和水盐平衡,乌梁素海每年需向黄河补水约 1.3 亿 m^3,补给地下水 0.7 亿 m^3,大气蒸发 3.6 亿 m^3,乌梁素海生态需水量约 5.6 亿 m^3,水量入不敷出问题十分严重。如果不采取根本性措施满足生态需水要求,乌梁素海可能在未来 10~20 年内完全干涸,面临沙漠化的危险。

(2) 湖泊内外污染严重,沼泽化趋势明显。

乌梁素海由于长期接纳巴彦淖尔市生活污水、工业废水及农田退水,虽然近年采取了多方措施,建设了多个污水处理厂,也对工业和农业进行了减排,但是总体污染还不能完全得到治理,而且历史"欠账"太多,加之湖泊生态补水困难、湖区水流不畅,致使总氮(total nitrogen,TN)、总磷(total phosphorus,TP)、化学需氧量(chemical oxygen demand,COD)等主要污染物及营养盐累积到湖区,导致湖内各种水生植物疯长、藻类滋生蔓延及湖底逐年抬高,加快了湖泊富营养化、沼泽化进程。在入湖水量逐年减少、各类污染物持续输入的情况下,水体污染严重,现状水质基本处于劣 V 类。

(3) 流域环境治理力度加大,污染源尚未得到完全控制,要实现生态完全恢复的目标,任务艰巨。

20 世纪 90 年代,巴彦淖尔工业化和城镇化进程加快,大量污水未经处理排入乌梁素海;同时,巴彦淖尔的农业飞速发展,农产品产量迅速增加,化肥和农药大量使用,很大一部分随农田排水进入乌梁素海,乌梁素海污染累积非常严重。近年来,巴彦淖尔市委、市政府已经意识到保护乌梁素海的重要性,高度重视环境保护工作,工作力度和成效走在自治区前列。点源治理方面,从 2007 年开始,巴彦淖尔市关停了污染严重的"五小企业";全市 73 家排污企业全部配套了污水防治设施,污水经处理达标排放。全市 7 个旗县区城镇污水处理厂 5 个建成并投入运行,2 个在建,2010 年 8 月底投产;规划筹建 7 个工业园区污水处理及回用工程,保障园区企业落地前投入运行。面源治理方面,农业上积极调整种植业结构,大力推广测土配方施肥,农业亩均化肥施用量由每亩[①] 63kg 减少到 55kg,测土配方施肥面积达到 830 万亩,占总面积的 91%,退水排入乌梁素海的氮磷含量逐年减少;科研上适时争取国家"水专项"课题,开展了主要作物减氮控磷技术、排水沟渠多介质水质净化、农田退水污染湿地修复工程等研究示范项目。所有这些努力使乌梁素海的水质恶化趋势延缓,局部水质有所改善。巴彦淖尔市环境监测站监测结果显示,2007 年以来乌梁素海海区的水质已有改善,出口水质 COD 从 2006 年的 115.53mg/L 下降到 2009 年的 39.14mg/L。但鉴于综合治理资金和治理技术的短缺,现状排污与多年累积污染负荷没有得到彻底的治理。改善水质达到水环境功能区划要求、恢复乌梁素海水生态系统健康依然任重道远。

乌梁素海在我国西部生态安全和黄河中上游水质安全保障中具有重要功能和作用,同时乌梁素海周边也是我国重要少数民族居住区。乌梁素海的治理能够维

---

① 1 亩≈666.67m²。

系北方地区生态安全、确保黄河内蒙古河段水质安全、调蓄凌峰防凌减灾、保障河套灌区良性运行、促进区域经济合作与协调发展。

　　乌梁素海的治理是一项综合治理,需要统筹乌梁素海流域产业结构调整和布局优化、环境污染的预防、生态建设和系统管理;需要统筹流域水陆之间的协调关系;需要兼顾流域生态系统健康、环境功能保障和经济社会的可持续发展;需要采用技术、经济、行政、法律等综合手段进行乌梁素海流域全方位全过程污染防治;需要平衡整体与局部的利益。综合治理也离不开科学技术的支撑。乌梁素海的生态保护和流域社会经济发展存在多重的互动关系。因此乌梁素海的治理是一项复杂的系统工程,需要从流域的整体性、系统性出发进行统筹,捋清不同部门项目设置之间的协同关系,科学治理,合理布局,这就需要有系统的规划,有针对性科学地布置项目和措施进行治理,提高项目投资的合理性和综合效益。

　　2009 年 8 月,按照党和国家领导人的重要批示及全国政协调研组提出的《关于将乌梁素海湿地作为加强民族团结的国家重点生态工程项目》专题报告和国家发改委上报国务院的《关于乌梁素海湿地保护与发展有关问题的报告》精神,针对乌梁素海流域和海区特征及产排污治理现状,通过工程项目和管理措施减少污染,修复生态,抢救乌梁素海,力争到"十三五"末使乌梁素海水质稳定达到IV类标准,恢复生态功能,通过乌梁素海生态环境治理,加快流域经济增长方式转变,推进产业结构调整和优化升级,促进民族地区的社会经济可持续发展。乌梁素海生态补水研究主要包含以下两方面内容:①通过污染源解析和对乌梁素海主要环境问题辨识,对流域和湖体的氮磷营养物容量总量进行核算,制订总量控制计划;②从维护乌梁素海生态服务功能、保障生态需水水量的角度出发,论证生态补水的必要性,提出生态补水的方案。

1.3　湖泊生态修复的国内外进展

　　湖泊生态修复相关理论最早起源于欧美。美国学者在多年湖沼学基础理论和应用技术研究的基础上,对美国伊利湖、密执安湖等五大湖受损害的水域生态系统的恢复与重建途径进行了探索和规划。在五大湖的富营养化控制、难降解有毒污染物等的去除、渔业资源的恢复和自然景观的重建等方面取得了显著的成果[1]。华盛顿湖在富营养化水质控制与改善方面取得了明显成效,被视为湖泊生态恢复的范例。欧洲一些国家开展了大量的水域生态系统恢复研究工作,并取得了明显成效[2]。瑞典的 Trummen 湖 20 世纪 80 年代前接纳了大量生活和工业污水,造成严重藻化、鱼类死亡。随后经过生态工程的集中治理,水质得到很大的改善[3]。洒石灰的技术目前在欧洲酸化湖泊的修复中应用十分普遍。近年来,瑞典、挪威等国应用这种方法进行了大量的研究,积累了丰富的资料和成功的经验,同时也解决了不少实际问题[4]。英国应用生物操纵技术使伦敦附近水库一直保持低藻生物量和高的透明度[5]。1987 年,Welth 等提出了实现湖泊生态系统修复由下而上和由上而下的治理方法,即从食物链的最初层营养物的输入和水生生物层开始控制,以控制污染物的输入输出负荷,达到净化整个系统的目的。该方法的提出为湖泊生态系统的修复提供了新思路,即在湖泊生态修复过程中,对污染源的顶端控制和湖泊底端的污染物治理必须同时进行,才能从根本上解决湖泊的环境问题,实现湖泊生态修复的目标。

湖泊生态恢复在美国、西欧一些发达国家和地区受到广泛重视,20 世纪 80 年代进行的一系列工程试验研究积累了大量的经验。德国、丹麦、瑞典等国进行的湖泊趋化恢复工程表明,N、P 营养物质的去除率很高[6]。美国于 1986 年提出庞大的生态修复计划:在 2010 年前恢复受损河流 64 万 km、湖泊 67 万 km²、湿地 400 万 km²[7]。日本、韩国等最近几年对生态修复的研究也尤为重视,并且实施了一系列的生态修复工程,使河湖的水质得到改善,保证了饮用水的饮用安全[8]。

我国有关专家自 20 世纪 50 年代开始研究不合理的人类活动及资源的不合理利用所带来湖泊生态环境恶化、生态系统退化的问题,进行了大量的试验和实践研究。1996 年在北京召开的生态恢复国际会议主题之一即为“退化生态系统的生态恢复”。2000 年,水利部根据国民经济和社会发展的新要求,提出充分发挥大自然的力量,依靠生态自我修复能力,加快湖泊生态系统退化防治步伐的工作思路,并围绕这一思路采取一系列对策和措施。生态修复工程即通过减少或避免人类活动对湖泊生态脆弱区的干扰,利用大自然的力量,发挥生态的自我繁衍和修复能力,湖泊生态系统得到改善,从而达到大面积、快速防治湖泊生态功能退化的系统工程,是实现人与自然和谐相处的具体措施[9]。

湖泊生态修复方面的研究主要集中在湖周湿地的修复、湖滨带的修复、利用水生生物的修复等[10~12]。中国科学院水生生物研究所对长江中下游典型浅水型湖泊,进行了长期的调查研究并积累了丰富的资料[12]。中国科学院水生生物研究所在我国首次利用水域生态系统藻菌共生的氧化塘生态工程技术,使昔日污染严重的湖北鸭儿湖地区水相和陆相环境得到很大的改善,推动了我国水污染生态综合治理的研究工作[13]。中国科学院南京地理与湖泊研究所及中国科学院生态环境研究中心对江苏太湖、安徽巢湖的富营养化形成与发展进行了系统的研究分析,进而提出富营养化防治措施,包括提出了流域控制规划、应用了多水塘系统净化技术[14]。中国科学院地理研究所、动物研究所和生态环境研究中心在对河北白洋淀生态系统特征进行深入细致研究的基础上,提出了白洋淀区域水污染控制、水域生态系统修复的综合技术方案,该项研究被列入《中国 21 世纪议程》首批优选项目[15]。在过去十多年中,环境保护科研单位和大专院校开展了对我国湖泊

（水库）和湿地的自然环境现状及其变化趋势（营养类型和功能特征）、生态系统退化的防治对策，以及水资源的持续利用与发展方面的调查和系统研究，取得了丰硕成果。

潘继征等[16]研究了滇池东北沿岸带生态修复区抑制蓝藻水华的功能，结果显示，修复区具有捕获富集和分解消除漂浮性蓝藻的作用，同时能通过水生植物的遮阴作用抑制藻类光合作用，从而达到除藻的效果。利用水生植物治理湖泊富营养化使用较多的是凤眼莲，如利用凤眼莲处理生活污水，利用凤眼莲净化印染、造纸和石油化工等废水。多项研究表明，它对重金属具有极佳的富集能力，已被用于处理多种重金属、污染水体等[17]。尹澄清等[18]在白洋淀进行了野外实验，实验研究了水生植物构成的水陆交错带对陆源营养物质的截流作用，研究结果表明，其湖周水陆交错带中的芦苇群落和群落间的小沟都能有效地截流陆源营养物质。陆开宏等[19]研究了利用改性明矾浆应急除藻，然后在水中放养尾重 20g 左右鳙、鲗鱼种。结果显示，蓝藻水华现象逐渐消失，水体表观质量明显提高。卢宏玮等[20]介绍了湖滨带生态系统恢复与重建的理论，还对湖滨带生态恢复与重建的过程进行了论述，对主要应用的技术进行了详细的对比分析。王启文等[21]针对水源地湖泊水库的微污染进行的修复，指出生物操纵修复方法是一种廉价适用的方法，适用于我国的发展国情。

综上所述，我国生态修复与重建研究主要侧重于退化生态系统形成原因、解决对策、修复与重建技术方法、物种筛选及修复与重建过程中的生态效应等方面的研究，形成了以生态演替理论和生物多样性修复为核心，注重生态过程的修复生态学研究特色。修复生态学的发展对生态系统退化机理及恢复过程的揭示为生态修复提供了理论支撑，美国、日本及欧洲一些国家的实践也表明其有效性，我国不同区域进行的封禁也为生态修复提供了依据[22]。我国几十年的生态修复与重建研究主要表现出如下特点：①注重生态修复的实验研究；②注重人工重建研究，特别注重恢复有效的植物群落模式实验，相对忽视自然恢复过程的研究；③大量集中于研究受污染破坏后的湖泊生态系统退化后的生物途径修复，尤其是湖周植被的人工重建研究；④注重修复重建的快速性和短期性；⑤注重修复过程中的植物多样性和小气候变化研究，相对忽视对动物、土壤生物（尤其是微生物）的研究；⑥对修复重建的生态效益及评价较多，还缺乏对生态修复重建的生态功能和结构的综合评价；⑦2003 年以来开始加强恢复重建生态学过程的研究[23]。

1.4　生态补水及生态需水的研究进展

1.4.1　生态补水的研究进展

自 2000 年起开始实施的黑河、塔里木河、黄河"三河"调水工作,在给受水地区经济社会发展带来巨大效益的同时,显著改善了当地的区域生态环境,这也可以看作是生态调度的具体实践。2001 年 7 月,黑龙江省水利厅联合各个部门共同努力,连续三年向扎龙湿地补水[24],使扎龙湿地又恢复了生机。2002 年底,淮河流域南四湖水系发生特大旱情,湖区生态环境遭受严重威胁,工农业生产遭受严重损失,国家防汛抗旱总指挥部、水利部等组织实施利用南水北调工程从长江向南四湖应急生态调水 1.1 亿 m³,挽救了南四湖湖区生态系统的危机。此外,我国相继实施一些跨流域、跨省份生态水资源统一调度工程,如南水北调、引江济太[25]、引岳济淀[26]等。生态补水是湖泊生态修复中行之有效的方法,是实现水资源可持续利用、支持经济社会可持续发展、保护生态环境的重大举措。

近些年,汉江下游在枯水期的 2 月前后频繁出现"水华"[27]。南水北调中线工程丹江口水库大坝加高后,可利用水库的调蓄能力并结合引江济汉工程联合调度,增加汉江枯水期的河道流量,缓解汉江下游水体富营养化的状态。长江口上游来水和咸潮入侵直接关系到河口水域的生态系统,咸潮入侵一般发生在枯水期的 11 月至翌年的 4 月。三峡水利枢纽具有较大的调节能力,按照调度运行设计,可在枯水期使长江中下游干流流量增加 1000~2000m³/s,从而减少长江口枯水期咸潮入侵的影响。

新疆博斯腾湖[28]是我国西北地区最大的淡水湖,兼有水资源调控、农田灌溉、工业及城市用水、流域生态用水和向塔里木河调水等多种功能。但目前,博斯腾湖面临严重的水环境问题:水面面积萎缩、富营养化严重、有机污染加剧等。为了保护和改善博斯腾湖的生态环境,保证湖泊周遭地区社会经济可持续发展,缓解塔里木河下游生态恶化的趋势,对博斯腾湖进行生态补水,使湖泊面积不再萎缩、防止湖泊发生富营养化、保护湖泊周围湿地及野生生物栖息地,发挥湖泊良好的生态作用具有重要意义。

南水北调中线工程[29]:调水后,丹江口水库总下泄量减少、枯水流量加大、中水流量历时减少、干流流量趋于均匀,将对汉江中下游水生态系统产生一定的影响。同时,为了满足汉江中下游两岸工农业、生态环境用水需要,在考虑汉江中下游生态环境需水量的基础上拟定了丹江口水库最小下泄流量。

引江济太水资源生态补水[30]:太湖流域水质型缺水和水环境恶化已经成为该流域经济社会发展的制约因素。目前,流域河网湖泊水污染严重,流域水质型缺水矛盾突出。针对流域水质型缺水的严峻情势,太湖流域管理局自 20 世纪 90 年代就开展了以改善太湖水质为目标的引江济太试验性研究,并于 2000 年首次获得成功。2000 年汛期,太湖流域干旱少雨,太湖局通过望虞河引长江水 4.6 亿 m^3,其中引长江水入太湖 2.22 亿 m^3,太湖贡湖湾水体水质从引水前的劣 V 类改善为引水后的Ⅲ类。此后(2002 年 2～3 月),利用望虞河、太湖、太浦河开展大规模调水试验。两次引江济太调水试验取得了初步成效,并为流域科学调度、合理配置水资源、缓解太湖流域水资源短缺、改善太湖和流域水环境积累了有益的经验。

塔里木河下游生态应急输水:20 世纪 70 年代初,随着塔里木河上游水量的减少和干流上中游用水量的增加,下游来水量锐减,特别是 1972 年大西海子拦河水库建成后,基本无水下泄河道,绿色走廊急剧萎缩,台特马湖干涸,大片胡杨林死亡,生态系统退化十分明显。针对上述问题,在深入调查和广泛听取专家意见的基础上,结合塔里木河的实际情况,为遏制塔里木河下游生态环境不断恶化趋势,2000 年 4 月开始至 2002 年 11 月,有关部门利用开都河来水偏丰、博斯腾湖持续高水位的有利时机,共组织 4 次向塔里木河下游生态应急输水,从博斯腾湖共调出水量 17.92 亿 m^3。通过 3 年的生态调水,塔里木河流域水环境得到改善,生态系统得到一定程度的恢复,主要表现在:下游水量明显增加;断流天数减少,年均断流减少 30～50 天;尾闾湖泊重现,形成 28.74 km^2 的湖面;地下水水位抬高 0.22～5.95m;植被重获生机,枯死多年的胡杨枝干上又发出新绿;动物回归,其种类和数量明显增加;水质明显改善。

黑河生态补水[31]:黑河是我国第二大内陆河,由于受区域水资源短缺的影响,20 世纪 60 年代以来,进入下游的水量逐年减少,河湖干涸、林木死亡、草场退化、沙尘暴肆虐、省际用水矛盾突出,随着黑河流域经济和社会的发展,流域内生态环境遭到严重破坏。西居延海于 1961 年干涸,东居延海于 1992 年干涸。20 世纪 90 年代,黑河每年平均断流 200 天以上,湖水干涸后的额济纳旗成了沙尘暴的主要源地,并由此形成了一条横贯我国北方的“沙尘走廊”。黑河生态补水通过在 3 年内 6 次将黑河水调入东居延海,使东居延海重荡碧波,周边地区地下水位回升,植被明显恢复,因黑河多年断流造成的下游地区生态恶化趋势得到初步遏制。

南四湖应急生态补水[32]:南四湖是一个南北狭长的湖泊,由南阳湖、独山湖、昭阳湖、微山湖等四个湖泊相连而成,为我国北方最大的淡水湖,也是全国第六大淡水湖,具有蓄水、防洪、排涝、引水灌溉、城市供水、水产养殖、通航及旅游等多种功能。但南四湖流域自古以来水旱灾害频繁,严重的灾情不仅对流域的经济造成了重大损失,而且对流域社会事业的发展和进步也造成了严重影响。2002 年南四湖流域自黄河实际引水量为 12.1 亿 m^3,其中菏泽、济宁地区分别引水 8.0 亿 m^3

和 4.1 亿 m^3。生态补水实施后,大大改善了湖区水质,留住了候鸟,拯救了生态;生态补水的实施扩大了水利及水文的影响,增强了全社会的水患意识;而且生态补水后南四湖蓄水量达到 1.5 亿 m^3 左右,上、下级湖水位均比补水前升高了 0.5～0.6m。经测算,调水后湖区地表水面基本形成:上级湖形成了近 160km² 的水面,下级湖形成了近 200km² 的水面,有效缓解了南四湖地表水资源紧缺的危机,保证了维持生态环境的最低限制用水。

国外对生态补水研究较早,且取得了一些成果。1991～1996 年,为改善下游水域生态环境,提高下游河道最小流量和水库下泄水流的溶解氧浓度,田纳西河流域管理局提高了其管理的 20 个水库的下泄水量及水质[33,34]。美国农垦法规定中央河谷工程首先用于调节河流、改善航运与防洪;其次用于灌溉及满足生活用水、鱼类与野生动物需要,用于保护与恢复的目的;第三用于发电。从 1980 年开始,大古力水坝和哥伦比亚流域其他水利工程的调度主要集中在充分满足维持增强溯河产卵的鱼类种群的寻址需求。1995 年,美国海洋渔业局提出的生物学意见成为了决定工程调度的主要因素。

俄罗斯对伏尔加河下游有利于生态的春季放水可行性进行了研究。从 1959 年修筑伏尔加格勒大坝时起[35],根据每年汛水水量预报和国民经济具体情势预测,每逢春季则模拟春汛向大坝下游进行专用性放水,以确保鱼类产卵场淹水及农田灌溉放水量、放水过程线及放水期限。

1995 年,日本河川审议会提出了《未来日本河川应有的环境状态》,指出推进"保护生物的多样生息、生育环境""确保水循环系统健全""重构河川和地域的关系"的必要性。1997 年,日本对其《河川法》做出修改,不仅治水、疏水,而且"保养、保全河川环境"也写进了日本的新《河川法》[34]。

在澳大利亚,要求每个州和地区都要对"水依赖的生态系统"作出评价,并且提出水的永续利用和恢复生态系统的分配方案[36]。水的分配方案必须要考虑到 5～10 年之后可能出现的情况,通过一些数据来指导重新调整径流的季节变化特征以达到最佳的生态状态。

1.4.2　生态需水的研究进展

国外生态用水研究主要集中在河流生态用水方面[36],研究的起因主要是,人类大量从河道提取水资源,破坏了原来的生态平衡,导致水生生物生存受到胁迫水生态系统服务功能下降。早期河流生态用水研究是为了满足河流的航运功能而对河道最低流量的研究。随着污染问题的出现,最小可接受流量(minimum acceptable flows)问题开始研究,研究目的除满足航运以外,排水纳污功能也考虑在内。20 世纪 90 年代后,人类对河流的影响和控制作用增强,河流的生态结构遭到破坏、生态功能受到损伤,水资源开发中已不可避免要考虑生态用水的因素[37],生态可接受流量(ecologically acceptable flow)研究随之展开。1997 年,Richter 等[38]
明确给出基本生态需水(basic ecological water requirement)的概念框架,即提供
一定质量和一定数量的水给天然生境,以求最小化地改变天然生态系统的过程,并
保护物种多样性和生态整合性。Richter 在后来的研究中进一步对这个概念作了
升华补充,考虑了水资源短缺、生态用水与生活用水等的协调配置。Gippel 等[39]
指出,生态需水是确保河流、河口、湿地以及蓄水层等在设定的生态条件下保持稳
定可持续的水量与水质需求。Hughes 等[40]指出,保证水资源的持续利用,必须预
留足够的水量来保护河流、湿地、湖泊等生态系统的健康,保证河流、湖泊航运等功
能的最小需水量。Thoms 等[41]根据河流、湖泊、林地、湿地等各种生态系统类型的
结构和功能,分析了生态系统与水资源的相互关系,说明了水资源对生态系统结构
功能维持的重要意义。目前国际上关于生态用水研究已较为普遍,如美国的环境
用水[42]是指鱼类、野生动物、旅游及其他景观的水资源需求,其内涵包括:①根据
《自然和景观河流法》确定的自然和景观河流的基本流量;②用于河流基本生态功
能的河道内用水;③湿地保护区的需水;④入海河口和河流三角洲维持一定流量的
用水,其目的是保持和控制海湾和三角洲的环境质量。在澳大利亚[43],墨累河与
达令河流域是其最大的流域,可提供全国 75% 的灌溉用水,但其一年的水量不抵
南美洲亚马孙河一天的水量,水资源非常短缺。为应付水资源短缺的严峻问题,澳
大利亚创造了流域管理体制,把水资源分为经济发展用水和环境生态用水。1995
年,澳大利亚将生态用水作为法律规定下来,各流域经测试后确定生态用水的需要
量,这部分水量必须得到保证;经济生活等用水则通过用水执照来管理。澳大利亚
环境需水量(environmental water requirements)是指为了保证流域的生态价值而
必须留在生态系统中的水量,包括维护河流生态系统健康、保护流域中动植物、
保持生物多样性的用水三部分。南非生态用水[44]研究也是基于本地河流质量
状况退化,退化的主要原因是,人口的快速增长导致大规模的河道取水和大库容
水库的建造,由此对保证河流持续发展的流量要求构成压力。南非在 1987 年提
出[45]在全国开展河流生态用水研究,从那时起南非国家水利与林业部水资源管
理方式也从单一考虑经济用水需要转向多方面综合考虑。1994 年,南非《供水
与卫生政策》白皮书提出,河流系统用水和其他用水单元不处在同等主要的地
位,河流系统用水是水资源利用的基础、可持续发展的保证;但同时该书也指出,
在这个拥有 4500 万人口的半干旱国家,有 1200 万人不能保证足够的饮用水,近
2100 万人缺乏基本的卫生条件与设施用水。这样不可避免会产生河流生态用
水与经济生活用水的冲突,因此生态用水研究在南非显得尤为重要。国外生态
用水[46]研究主要包括五方面的内容:河道流量与鱼类等水生生物栖息地关系的
研究;河道流量、水生生物以及水中溶解氧之间关系的研究;水生生物指示物与
流量之间关系的研究;水库流量控制与生态环境、生态水量分配的关系;环境生

态用水与经济用水协调研究。总之,在河流生态用水研究领域,国外开展研究较多,研究范围、研究方法都趋于成熟。但关于其他类型生态系统,国外还鲜有研究。

从 20 世纪 70 年代末期,我国环境水利工作者开始研讨环境容量、河流最小流量问题,长江水资源保护所最早进行了"环境用水初步探讨"的研究工作。1990 年《中国水利百科全书》提出,环境用水是指"改善水质、协调生态和美化环境等的用水"。1995 年,汤奇成以新疆地区为背景,论述了生态环境用水的主要用途:对一些重要的湖泊进行补水和人工植被用水。这些是我国有关生态用水的最早研究。2000 年,由中国工程院组织,43 位院士和近 300 位院外专家参加完成的《21 世纪中国可持续发展水资源战略研究》总报告中提出了生态用水的广义与狭义概念。广义的生态环境用水是指,维持全球生物地理生态系统水分平衡所需用的水,包括水热平衡、生物平衡、水沙平衡、水盐平衡等所需用的水都是生态环境用水。狭义的生态环境用水是指,为维护生态环境不再恶化并逐渐改善所需要消耗的水资源总量。狭义的生态环境用水主要包括保护和恢复内陆河流下游的天然植被及生态环境;水土保持及水保范围之外的林草植被建设;维持河流水沙平衡及湿地、水域等生态环境的基流;回补黄淮海平原及其他地方的超采地下水等方面。该报告还对全国生态环境用水制定了 800 亿～1000 亿 m^3 的目标,可以算作我国生态用水研究的一座里程碑。河流系统生态用水研究[47]因其涉及专业学科广,标准、方法和研究结果的取值不易掌握等特点,一直是生态用水研究的重点。河流系统功能通常包括生态功能、环境功能和资源功能等。综合考虑河流系统生态需水量的一般特点,生态环境需水量是指维持地表水体特定的生态环境功能,天然水体必须蓄存和消耗的最小引水量。从生态环境的要求[48]出发,河流系统生态环境需水量主要应包括:①河流系统中天然植被和人工植被需水量;②维持水(湿)生生物栖息地所需水量;③维持河口地区生态平衡所需水量;④维持河流系统水沙平衡的输沙入海水量;⑤维持河流系统水盐平衡的入海水量;⑥保持河流系统一定的稀释净化能力的水量;⑦保持水体调节气候、美化景观等功能而损耗的蒸发量;⑧维持合理的地下水位所必需的入渗补给水量等。生态用水量的确定[49],首先要满足河流生态系统对水量的需求,其次在此水量的基础上确保水质能保证河流生态系统处于健康状态。因此,河流系统的生态用水定义可完善为:维持地表水体特定的生态功能所需要的一定水质标准下的水量,具有时间和空间上的变化。西北干旱区是我国水资源最紧缺的地区之一,西北地区的生态环境问题主要表现为:中上游用水过量导致下游河湖萎缩和天然植被退化;过渡开荒、放牧、樵材等加剧了水土流失和土地沙化;不合理灌溉引起土壤次生盐碱化;水污染严重,水质恶化;过量开采地下水导致植被退化、地下水矿化度升高和土壤盐化。西北地区生态需水是指为维护生态系统稳定,天然生态保护与人工生态建设所消耗的水量。并作如下补充:①对于没有植物作为第一性生产力的系统需水,如河流冲沙、稀释污染物、控制地面沉降等所需要的水,按照传统定义并保持与环境容量概念一致,仍称为环境需水;②生态需水指未来某时段内所消耗的水量,研究现状时称为生态用(耗)水。生态用水的类型划分[50],根据水源不同分为可控生态用水和不可控生态用水。可控生态用水是指非地带性植被所在系统天然生态保护与人工生态建设消耗的径流量(可作为狭义生态需求),不可控生态需求是指地带性植被所在系统天然生态保护与人工生态建设消耗不形成径流的降水量。从生态系统形成原动力的不同又分为天然生态用水和人工生态用水两大类。天然生态用水是指基本不受人工作用的生态所消耗水量,包括天然水域和植被需水;人工生态用水是指由人工直接或间接作用维持的生态所消耗水量,包括用于放牧和防风的人工林草所需水量、维持城市景观所需水量、农业灌溉抬高水位支撑的生态用水量以及水土保持造林种草所需水量等。近年来随着湿地研究的升温[51],湿地对生态环境的重要性逐渐被人们认识。湿地是水的重要载体和调节器,具有贮存水源、蓄调洪水、补充地下水、净化水体及在小环境内增湿增雨和调节气候等生态功能。湿地与水环境是维系水生态平衡的有机整体[52],相互依存,缺一不可。据此,有学者认为,湿地应作为一个单独的生态系统进行生态用水的研究,指出湿地生态环境需水量是指:湿地为维持其生命活动和自身发展过程所需要的水量。湿地研究范围包括:自然湿地如河流水体、湖泊水体、沼泽、河漫滩和湖漫滩、河口三角洲、滨海滩涂,人工湿地有水库、池塘和虾池、稻田、运河等。根据湿地效益,湿地生态用水可分为:湿地植物需水量、湿地土壤需水量、湿地动物需水量、野生生物栖息地需水量和生态地质过程需水量生态系统中水分包括绿色植物的用水、动物用水和无机环境中的水分三部分。植被是生态系统中最基本的成分,是评判生态环境质量的重要指标之一,其正常生长和更新所必须消耗的水量是生态用水的基础。动物用水[53]主要包括维持水生生物栖息地所需水量、鱼类洄游以及非人工饲养的动物饮水等。无机环境用水包括维护河流水沙平衡、水盐平衡、河道基流、回补超采的地下水等。因此,生态用水[54]可定义为:维护或改善组成现有生态系统的植物群落、动物以及非生物部分的平衡所需要的水量。该定义从生态用水的组成及功能进行分析,揭示了生态用水与生态服务功能之间的联系。生态系统的服务功能是维护生态平衡、保障生态环境的最终目的,是一切生态保护和生态建设的根本所在,因此我们也可以给生态用水定义[55~58]如下:为维护生态系统服务功能生态环境中必需留存的水量,其内涵包括生态环境保护用水和生态环境建设用水。

1.5　研究内容与技术路线

1.5.1　研究的主要内容

本书根据乌梁素海水体污染等现状,分析湖泊的生态需水量,生成不同的生态补水方案,通过建立和求解生态补水模型,分析了各方案的水资源开发利用及水环境治理情况,在此基础上,建立湖泊补水方案评价指标体系对不同的调水方案进行评价,推荐最优方案,同时针对推荐方案分析生态补水成效,为乌梁素海生态补水提供科学、可靠的依据。具体研究内容如下。

（1）介绍河套灌区和乌梁素海的现状以及水资源开发利用存在的问题。其中,水质监测结果显示,乌梁素海及其退水渠各断面水质全部为劣V类。乌梁素海污染物总量控制主要考虑 COD 和氨氮两种污染参数。

（2）在充分考虑乌梁素海现状的前提下,确定生态补水计算水平年:2005 现状年、2015 水平年和 2020 水平年。根据湖泊的水生态系统现状确定乌梁素海的生态需水量包括:蒸发量、渗漏量和污染物稀释需水量,并介绍水量平衡法、换水周期法、最小水位法和功能法等湖泊生态需水量的计算方法,本书针对乌梁素海的实际情况,利用功能法较准确地确定了不同水平年在不同的水质目标下的生态需水量,为生态补水提供依据。

（3）生成生态补水方案。根据生态补水时机和由不同水平年乌梁素海生态需水量确定的不同生态补水量,在三个不同水平年各生成四个不同的生态补水方案。

（4）建立和求解生态补水模型。针对乌梁素海的水环境问题,建立了生态补水模型。针对黄河近年来水资源短缺现状、凌期易发生汛情以及补水要通过灌溉渠道等的实际情况,提出生态补水原则为全流域统一调度。生态补水模型的目标有防洪目标、生态目标和水资源利用目标;约束条件有节点平衡约束、节点间水流连续性约束、水库水量平衡约束等。根据生态补水合理性评价指标体系,用生态补水模型计算不同水平年各补水方案的合理性。

（5）建立生态补水方案的指标评价体系,分别从水质指标、可调水量方面、经济指标方面分析各补水方案,并采用加权综合法对方案进行评价,确定相对最优的方案。

（6）针对推荐方案,分析乌梁素海生态补水的成效。

1.5.2　拟采取的技术路线

生态补水是当前研究的一个热点问题,很多方面尚处于理论研究阶段。本书采用综合的、定性与定量相结合的分析,理论分析与计算机求解相结合的方法进行研究,技术路线示意图如图 1-1 所示。

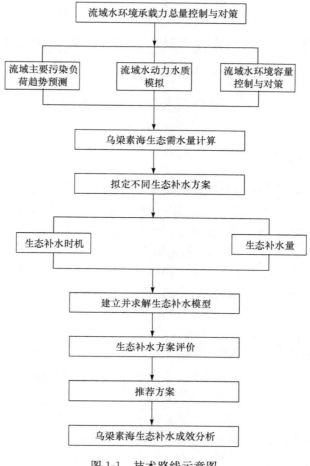

图 1-1　技术路线示意图

1.6　小　　结

本章在论述全球湖泊生态修复技术的基础上,分析了生态补水已经成为我国湖泊生态修复的一个突出的环境问题,提出了本书研究的目的和意义,在系统总结国内外关于湖泊生态修复、生态补水以及生态需水研究动态和发展趋势的基础上,介绍了本书主要研究内容和技术路线,为后续研究指明了方向。

第2章 河套灌区及乌梁素海概况

2.1 河套灌区生态系统现状

2.1.1 河套灌区简介

内蒙古河套灌区位于内蒙古自治区西部,灌区地处黄河河套平原,北抵阴山山脉的狼山及乌拉山,南邻黄河,东与包头市为邻,西与乌兰布和沙漠相接,横跨巴彦淖尔盟的乌拉特前旗、五原县、临河市、杭锦后旗、磴口县,东西长 250km,南北宽 50km。总的地势自西南向东北微倾,地势平坦开阔,局部有一定的起伏,形成岗丘和洼地。灌区地貌主要为狼山、乌拉山山前冲积洪积扇形倾斜平原,黄河冲积湖积平原和乌兰布和沙漠近代风积沙地。灌区总土地面积 1784.6 万亩,其中:平原区1743.3 万亩,山前洪积扇区 41.2 万亩。灌区以三盛公拦河枢纽控制引水,由180km 的总干渠供水,220km 的总排干沟排水,以乌梁素海作为排水承泄区,通过13 条干渠、10 条干沟控制整个灌区的灌溉排水,形成一个条状有灌有排的一首制灌区。按地貌特征及历史习惯划分为三个灌区,即保尔套勒盖灌区、后套灌区和三湖河灌区。

灌区地处干旱、半干旱、半荒漠草原地带,冬季严寒少雪,夏季高温干热,蒸发大,降水少,无霜期短,土壤封冻期长,月气温差及日气温差均大,为典型的大陆性气候。河套灌区地下水以潜水为主,地下水的流向与地面坡降基本一致。灌区地下水补给源主要是各级渠道的渗漏水和田间灌溉水的渗入,其次是降水和山洪水。灌溉期地下水的变化主要取决于灌溉,灌溉期地下水埋深 1.0~1.5m,秋浇期(10~11 月)埋深 0.5m 左右;土壤封冻期,地下水受土壤冰冻影响,埋深可达 2.5m左右。灌区地下水排泄方式为垂直蒸发型。

2.1.2 灌区水资源及其存在的主要问题

河套灌区已初步形成了灌溉有保障、排水基本有出路、种植结构及生物群落日趋稳定的农业生态系统。其水资源由过境黄河水、当地地表水、地下水组成。

地表径流:黄河过境径流近年平均 300 亿 m³,水质优良,为 HCO₃-Ca 型、矿化度小于 1g/L 的优质淡水。黄河过境径流有下降的趋势,主要原因有:龙羊峡、刘家峡水库蓄水量近年不足,甘肃、宁夏两省区近年开发规模大、速度快,新增灌溉面积达数百万亩,除总量下降外,过境水在时期上分布对灌溉更加不利;虽有龙、刘两库调节,但在甘宁蒙三省区灌溉期几乎完全相同,上游比下游依次早半个多月开灌,晚半个多月关口,而河套处于三省区最下游,因此引黄河水将变得困难。内蒙古河套灌区年引水量由 20 世纪 60 年代约 40 亿 m³ 增加到 80 年代后期～90 年代初期的 58 亿 m³ 左右,近年来又减少到 50 亿 m³。20 世纪 90 年代以来,黄河下游连年断流,引起国家的高度重视。有关部门于 1994 年和 1998 年先后两次沿黄河各省配水限额比例作了进一步调查。黄河水利委员会规定,从 2000 年到 2010 年,河套灌区的引黄指标由 50 亿 m³ 减少到 40 亿 m³,消减额度达到 20%。

当地地表水:灌区有效降雨少,且不产生径流,狼山、乌拉山向灌区一侧年径流 1.288 亿 m³,可利用的约 0.773 亿 m³。

地下水:降水入渗约 0.604 亿 m³,灌溉入渗约 15.042 亿 m³,狼山、乌拉山侧潜水入渗 10407 亿 m³,狼山、乌拉山地表径流入渗 0.208 亿 m³,黄河侧渗 0.105 亿 m³,地下水补给总量 17.366 亿 m³。地下水开发只占补给量的一半。

内蒙古河套灌区每年引黄灌溉仅为 4 月底至 11 月初约半年灌溉期。灌区引黄灌溉全年分三个阶段:即夏灌(4 月底～6 月底)、秋灌(7 月初～9 月中旬)、秋浇(9 月下旬～10 月底,最迟至 11 月上旬)。夏灌和秋灌是在作物生长期灌溉,灌水量约占全年总灌水量的 60%,秋浇是灌区一次特殊的灌溉,主要目的是储水补墒,其次还有淋盐压碱的作用,其余为黄河封冻、流凌期、农业间休期。灌区每年向乌梁素海排水、排盐大都集中在 10～11 月。

灌区生态系统是靠黄河水维持的农业生态系统。目前,灌区生态系统存在的主要生态问题是土壤盐渍化严重,其主要原因是灌区独特的气候和水文地质条件加上灌溉水利用系数低,灌区引水量大、排水不畅,从而导致灌区积盐严重。此外,灌区生态系统排放的大量农业排水、生活污水,使乌梁素海的生态环境严重恶化。

随着经济社会的发展,工业在巴彦淖尔市国民经济中的比重大幅度上升,达到目前的 50%～70%的水平。工业比重的增加必然带来其用水量与排污量持续增加,灌区工业废水的大量排放对乌梁素海的生态环境带来灾难性的破坏。

2.1.3　排灌系统的发展

自黄河在 1850 年改道以来,由于自然进程及河套灌区的建设及其他如围墙湖造田等原因,包括的芦苇区在内的湖泊面积已逐渐减少至现在的 300km²。随着灌溉区域的逐渐增加,乌梁素海需要划定一个界限以防止围垦。河套灌区发展的同时,也给乌梁素海带来了严重的污染,农田退水、工业废水、城市污水都排入了乌梁素海。

　　灌溉取用黄河水,从三盛公水利枢纽抽水进入灌溉系统,农田退水经各排干到主泵后排入乌梁素海。图 2-1 给出了河套灌区和乌梁素海水系构成图。乌梁素海是河套农业灌溉和排水系统的重要组成部分。黄河是河套地区的主要灌溉水源。三盛公分水坝是引黄河水的入口,每年有近 60 亿 m³ 进入河套灌溉系统。灌区面积有 6900km² 农业土地,计划将增加到 7300km²。河套灌区灌溉系统由 1 条灌溉主干渠和 8 条分干渠及近 20000 多条支干渠组成,排水系统由 22000 多条支排干分五级组成,绝大部分灌溉退水汇入主排干最终由主泵站泵入乌梁素海。泵站每年提水 7 亿～9 亿 m³,一旦湖面高出海平面 1018m,或在黄河枯水期,乌梁素海将排水补充黄河。乌梁素海及其入黄河段位置详见图 2-1。流出量每年约 2 亿 m³,即平均每秒向黄河补水近 20m³,湖泊换水周期为 160～200d。

图 2-1　乌梁素海及其入黄河段位置示意图

2.2　乌梁素海及周边相关水域水资源质量状况

2.2.1　乌梁素海概况

大型浅水湖泊乌梁素海位于中国内蒙古自治区,是中国西北部最大的内陆湖泊,中国的第八大湖泊。在广袤的半干旱草原地区,它是重要的生态系统,具有气候调节、鸟类栖息、排灌水调控以及旅游等多种功能。

乌梁素海位于乌拉特前旗境内,周围相连额尔登宝力等五个苏木乡镇,是内蒙古自治区较大的湖泊之一,湖型为北宽南窄,东北至西南较长,南北长 35~40km,东西长 5~10km,面积 293km²。湖面高程控制在 1018.5m,出口有闸控制,库容为 3.2 亿 m³,湖泊最大水深为 4m,平均水深只有 1m。目前乌梁素海有一半的水面被芦苇覆盖,另一半被以篦齿眼子菜为主的沉水植物覆盖。湖泊面积在 20 世纪后半叶发生了很大变化,尤其是 1975 年湖泊水位和范围大大缩减。

该湖东起于大佘太乡坝湾,西南至新安镇明干阿木,西北至东南较窄。海子周围的塔布渠、长胜渠、乌加河、烂大渠等渠道的退水注入,还有狼山南部及乌拉山北部各山沟之水,直接或通过各个渠道注入海子。根据 2008 年 6 月 7 日影像解译的结果,湖面南北长 35~40km,东西宽 5~10km,湖面面积 316.41km²,其中明水区面积约为 107.69km²,芦苇和沼泽区面积为 208.72km² 占湖区面积的 66%,湖水深 0.5~3.2m,水面高程为 1018.58m,其容积为 3.22 亿 m³。该库容解译时期反映了年内第一个灌溉高峰期退水入湖后,且年内水面蒸发高峰期尚未到来的库容,基本可以代表目前乌梁素海库容现状。根据遥感调查,乌梁素海的湖泊水位高程-面积曲线见图 2-2、湖泊水位高程-库容曲线见图 2-3。乌梁素海多年平均气温 7.3℃,全年日照时数 3184.5h,年平均降雨量为 1502mm。湖泊于每年 11 月到次年 3 月结冰,全年无霜期为 152d。

乌梁素海在北方干旱地区是一个独立的湿地系统,主要由黄河提供水源补给,但现在大部分黄河水被用于灌溉农田。夹杂着大量的污染物的雨水和农田退水被排入乌梁素海,这就造成了乌梁素海的水体富营养化。50% 的水面被芦苇覆盖,其余的 50% 水面也被水草覆盖,乌梁素海成为典型的草型水体富营养化湖泊。水草和芦苇成为当地居民的可利用资源。黄河水通过灌渠进入乌梁素海,黄河三盛公水利枢纽在灌溉期(即从每年 4 月中旬到 10 月下旬)开启。这段时间灌溉水从三盛公流入河套灌区。整个河套灌区靠主灌渠的自流来灌溉农田,河套灌区的灌排系统分为七级。农田灌溉之后,排水向北流入与主灌渠平行的约 200 多 km 的主排干,最终通过主泵站进入乌梁素海。只有八、九排干的排水直接通过各自的泵站进入乌梁素海。乌梁素海湖水通过自流排入黄河。根据防洪及保持水位等需要,

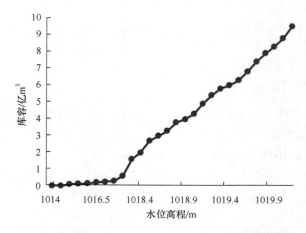

图 2-2　乌梁素海水位高程与湖面面积关系曲线

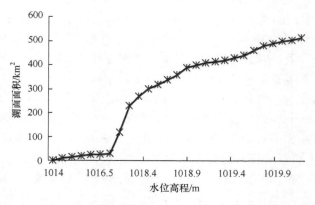

图 2-3　乌梁素海水位高程与库容关系曲线

乌梁素海通过堤坝调节水位,早期当黄河水位高时湖泊偶尔也会通过退水渠接纳黄河水,故乌梁素海也可作为黄河的一个滞洪水库。

但乌梁素海现面临以下环境问题。

(1)富营养化日益严重,水质恶化。河套地区每年有 5 亿 m³ 左右的农业灌溉退水和所属五个旗县多达 3300 万 t 的工业废水及生活污水排入乌梁素海。同时也将 28.8 万 t 化肥和其他营养盐一同汇入了乌梁素海。水体中总磷、总氮严重超标。水体中营养物质过多,大量芦苇和沉水植物疯长,水流不畅,致使水体处于严重的缺氧状态,富营养化问题严重,突出表现在:植物腐败落到湖底,水体二次污染,水体发臭,鱼类鸟类死亡,进而导致湖内水质恶化,有机污染加重,并呈逐年上升趋势。另外,湖水季节性污染问题也比较突出,特别是每年 2～6 月份,乌梁素海的主要补给源几乎全是来自上游的工业废水和生活污水,而此时乌梁素海恰好处于枯水期,稀释自净能力差,所以该时段是乌梁素海水质最差的时期。据环保部门2004 年 4 次监测,总排干排入乌梁素海水中重铬酸盐需氧量、总磷、总氮均 100%超标,分别超标 1.14、0.83、4.19 倍,水质为劣 V 类水。

(2)水生植物过量生长,沼泽化趋势加剧。大量的营养物质、大面积的浅水区域和适宜的气候条件给乌梁素海中大量的沉水植物和挺水植物提供了理想的生长条件,根据本次遥感调查和实地调查,2008 年 6 月乌梁素海除 66%面积为芦苇和沼泽外,其他水体几乎全部被沉水植物充塞,每年 5~11 月初,沉水植物形成茂密的"水下草原",并且植物物种向单一方向发展,生物多样性受到严重威胁。另外,水生植物腐烂沉积,加速了淤积作用。有研究资料表明,目前湖底每年以 9~13mm 的速度抬高,其最终结果就是使湖泊变为沼泽。照此速度演化,乌梁素海将在未来 30~100 年内成为芦苇沼泽地,丧失湖泊的功能。

(3)水源减少,水位下降迅速。有资料表明,在 20 世纪前半叶,乌梁素海覆盖面积是 900km²,发展到目前,整个水体面积已急缩至 316km²。分析其中原因:一是 90 年代以来黄河来水减少,通过出灌区灌溉渠道使黄河水倒流入湖的情况不再存在,加之黄河水量统一调度以来分配该地区引水指标的减少,灌溉排水量也相应减少;二是乌梁素海地处西北干旱、半干旱的过渡地带,湖内芦苇的蒸腾和湖水大量蒸发损失掉了一定的水量;三是水中携带的悬浮物和湖内水尘植物的自生自灭,加速了湖底生物填平,促使湖底以 1cm/a 左右的速度抬高,湖泊水位下降严重,1978 年以前,湖水水面水位为 1020m,现在只有 1018.5m,水深由原来最深的 4m减少到现在的 3.2m。

(4)湖泊周围水土流失严重,加速湖体萎缩。乌梁素海平均每年接纳当地洪水总量约为 5200 万 m³,由于湖泊东岸乌拉山水土流失严重,大量雨水携带大量冲积物(砂子、卵石)通过沟渠进入乌梁素海,加大了湖泊淤积程度。据 1986 年和1996 年卫星图片对比分析,乌梁素海的面积在 10 年间减少了 20km²,芦苇区和沼泽地增加了 24km²,淤积面积 1.1km²,在淤积区域里,积存了大量的淤泥和砂子,平均厚度为 40cm,最厚处达 90cm,加上水生植物腐烂落入湖底的腐败物,共同导致湖体迅速萎缩。

(5)湖区周围湿地生态系统功能退化,污染物净化和拦截能力下降。乌梁素海周围有丰富的湿地资源,对污染物拦截和水质净化具有重要作用,但是随着近年来灌区的不断发展,湿地生态功能退化,湿地的净化作用明显降低。加强净化型湿地建设,是减少污染的有效措施。

2.2.2　退水水量

乌梁素海的开发和利用,要服从河套灌区的治理。乌梁素海水位(小山圪旦)按内蒙古自治区原定的 1018.5m 高程控制,同时兼顾渔苇业生产,乌梁素海的控制运用调度近期按乌毛计闸上水位控制,下泄流量限制在 40m³/s 以下。

乌梁素海全年控制运行水位为:从 2 月 20 日至 4 月 20 日,乌毛计闸上水位必须降到 1018.35m 高程,4 月 21 日至 6 月 1 日为照顾渔苇业生产,闸上水位可逐步上升,并稳定在 1018.45m 高程,最高不得超过 1018.5m,6 月 2 日至乌梁素海普遍封冻(乌梁素海封冻期一般从 11 月中旬至次年 3 月下旬)前,闸上水位必须控制在 1018.35m,封冻后为了照顾芦苇收割,停止泄水,以防止形成两层冻。

根据内蒙古乌拉特前旗环境监测站的监测资料,乌梁素海 2005 年断续退水 3300 万 m³,时间约 60d;2006 年断续退水 4093 万 m³,时间为 80d,2005～2006 年平均退水量为 3697 万 m³/a,平均退水流量为 6.12m³/s,最大退水流量为 20m³/s。

2.2.3 湖区及退水水质

依据《地表水环境质量标准》(GB 3838—2002)[59],结合乌梁素海运用方式和黄河该河段水文特性,将水文年分为丰水高温期(7～10 月)、枯水低温期(11 月～翌年 2 月)、枯水农灌期(3～6 月)三个时段,乌梁素海 2004～2007 年在各水期的综合水质类别全部为劣Ⅴ类,均不达标,主要污染因子为溶解氧(dissolved oxygen,DO)、COD、生化需氧量(biochemical oxygen demand,BOD₅)、氨氮、高锰酸盐指数、石油类、总磷、总氮等。乌梁素海总排干沟是灌区退水的主要汇集段,控制排水面积 6448km²,占总排水面积的 85%,共有汇入口 115 个,接纳 84% 的排水,较大的有三排干沟、五排干沟、七排干沟,总排干沟在入乌梁素海处有红圪卜排水站,设计排水流量 120m³/s。八排干沟、九排干沟的排水直接汇入乌梁素海,占总排水量的 14%。另有十排干退水直接排入乌梁素海退水渠,约占总排水量的 2%。乌梁素海现状水体已无纳污能力,其主要原因是入乌梁素海各排干沟的水质严重超标,其中排在前 5 位的分别是总氮、氨氮、COD、汞和氯化物,污染负荷比基本在 10% 以上,其合计达到 75%,而总氮虽排名第 1,但其 80% 以上的来源是氨氮,且其标准与氨氮相同,控制氨氮就可以达到控制总氮的目的,而氯化物含量高主要对矿化度有影响,故污染物总量控制主要考虑 COD 和氨氮两种污染参数。

根据乌拉特前旗环保局水质监测资料,十年(1997～2006 年)来,乌梁素海退水 COD 年均浓度在 25.7～90.9mg/L(见图 2-4),多为Ⅴ类或劣Ⅴ类;氨氮年均浓度在 0.19～0.85mg/L(见图 2-5),能够达到Ⅲ类。

2.2.4 黄河水质现状

在分析范围内,黄河水利委员会共设有 3 个常规水质监测断面,即位于黄河三盛公农业用水区(灌区引水)的巴彦高勒断面、黄河乌拉特前旗排污控制区(接纳乌梁素海退水)的三湖河口断面和位于黄河包头昭君坟饮用工业用水区的昭君坟断面(乌梁素海退水影响敏感区)。2007 年枯水农灌期时,由黄河宁蒙水环境监测中

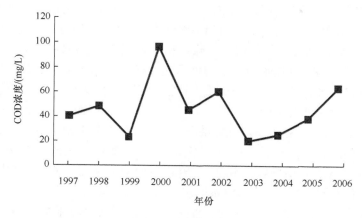

图 2-4　乌梁素海 COD 年平均浓度变化情况图

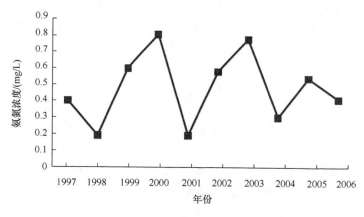

图 2-5　乌梁素海氨氮年平均浓度变化情况图

心在本河段进行了调查监测,主要监测了乌梁素海退水渠入黄口上游沙圪堵渡口断面(背景断面,乌拉特前旗排污控制区上断面)、三湖河口断面(退水影响断面 1,乌拉特前旗排污控制区下断面)、三应河头断面(退水影响断面 2,乌拉特前旗过渡区下断面)、黑麻淖渡口(退水影响断面 3,乌拉特前旗农业用水区下断面)和昭君坟断面(退水影响断面 4,包头昭君坟饮用工业用水区代表断面)。根据工作需要,2008 年 3 月 26 日～4 月 17 日在乌梁素海退水期间,委托黄河宁蒙水环境监测中心在本次的分析范围内进行了一次调查监测。主要监测了乌梁素海湖内、退水渠上段(湖泊出口)、退水渠下段(入黄前)和黄河干流上的巴彦高勒、退水渠入黄口上游 1km 处、退水渠入黄口下游 1km 处、三湖河口、昭君坟断面等。根据乌梁素海及其退水渠入黄水质及相关水功能区水质特点,主要对该河段的特征污染因子pH、DO、COD、氨氮等进行了调查监测。

监测结果显示,常规监测断面中,巴彦高勒断面在各水期水质基本为Ⅳ类,单丰水高温期水质稍好于枯水农灌期和枯水低温期,全年平均也为Ⅳ类,主要污染物是 COD;三湖河口断面多年平均水质除在枯水低温期综合类别为Ⅴ类,主要超标因子为 COD 和氨氮,其他水期水质均可达到目标水质的Ⅲ类;昭君坟断面水质在丰水高温期和枯水低温期的综合水质为Ⅳ类,主要污染因子为 COD 和氨氮,在枯水农灌期水质达到Ⅲ类目标。

2007 年枯水农灌期时,调查监测断面中沙圪堵渡口和三应河头断面水质为Ⅳ类,超标项目为氨氮,三湖河口、黑麻淖渡口、昭君坟断面水质为Ⅲ类,水质不超标。

2008 年调查监测结果可看出,所有监测断面均为超Ⅲ类水质,其中乌梁素海及其退水渠各断面全部为劣Ⅴ类,超标项目为 COD,黄河干流各断面水质介于Ⅳ类和劣Ⅴ类之间,超标项目为 COD,个别时段有断面受上游来水影响氨氮有超标现象。但在乌梁素海退水之前,从巴彦高勒到三湖河口到昭君坟断面,黄河干流水质为从Ⅴ类到Ⅳ类变化,主要污染参数基本呈衰减趋势;乌梁素海开闸开始退水后,受退水水质 COD 较高的影响,三湖河口断面 COD 有跃增势态,至昭君坟断面逐步衰减,而本次退水氨氮数值未超标,对黄河干流水质未产生负面影响。

2.3 小　　结

本章首先介绍了研究区——河套灌区生态系统现状以及存在的问题,同时简述了排干系统的发展,然后介绍了乌梁素海的生态系统现状以及存在的生态问题。乌梁素海对于维系黄河水系具有巨大的不可替代的作用,同时也是河套灌区的重要组成部分,但其水生态环境问题已经成为该地区乃至整个内蒙古自治区经济社会可持续发展的制约因素。

乌梁素海 2004～2007 年在各水期的综合水质类别全部为劣Ⅴ类,均不达标,主要污染因子为 COD、DO、BOD_5、氨氮、高锰酸盐指数等。对黄河水质的监测结果显示,2008 年所有监测断面均为超Ⅲ类水质,其中乌梁素海及其退水渠各断面全部为劣Ⅴ类。同时,确定乌梁素海污染物总量控制主要考虑 COD 和氨氮两种污染参数。

第 3 章　湖泊及流域水环境承载力与总量控制对策

3.1　流域污染物入湖量及其平衡

3.1.1　流域主要污染物入湖量

对水体环境质量和生态系统直接作用的主要是入湖污染物的负荷,因此,可通过流域主要污染源的污染物排放量和入湖系数科学计算污染物入湖量。在流域污染源产生和排放途径、污染物流失途径跟踪调查的基础上,根据不同行业的处理效率和资源综合利用方式,分析确定各类污染源的主要污染物的入湖系数,得出乌梁素海流域污染物入湖量,见表 3-1。

表 3-1　乌梁素海流域污染物入湖量汇总表　　（单位:t/a）

污染物来源		污染物种类	COD	氨氮	TN	TP
点源		工业废水	8549.80	282.45	507.75	14.25
		城镇生活污水	5009.27	742.4	1041.9	66.15
		小　计	13559.07	1024.85	1549.65	80.4
面源	陆源	农村生活污水	814.9	52.2	104.3	21.2
		畜禽养殖粪便	3426.6	139.6	418.8	53.3
		农田排水	6748.3	39.15	137.9	61.65
		旅游污水	82.77	9.93	13.80	0.87
		水产养殖	146.53	13.44	16.80	3.24
		水土流失	—	—	13.4	6.7
	湖面	大气沉降	—	—	38	20
		小　计	11219.1	254.32	743	166.96
合　计			24778.17	1279.17	2292.65	247.36

3.1.2　流域主要污染物入湖途径

流域陆源污染物主要通过总排干和八、九排干沟直接进入乌梁素海,海区东岸存在水土流失,另外还有部分污染物通过干湿沉降直接入湖,见表 3-2。

表 3-2 乌梁素海流域各种途径污染物入湖量表 （单位：t/a）

类型	污染物入湖途径		COD	氨氮	TN	TP
陆源	排放量（不含干湿沉降）		71881.22	2586.44	5185.04	981.44
	入湖量		24778.17	1279.17	2292.65	247.36
	入湖率/%		34.47	49.46	44.22	25.20
	入湖量	排干沟入湖量	24778.17	1279.17	2254.65	227.36
		排干沟入湖率/%	100	100	98.34	91.91
		水土流失入湖量	—	—	13.4	6.7
		水土流失入湖率/%	—	—	10	10
湖面	湖面干、湿沉降入湖量		—	—	38	20
	湖面干、湿沉降入湖率/%		—	—	100	100
总入湖量			24778.17	1279.17	2292.65	247.36

3.1.3 湖泊水体主要污染物平衡分析

污染物进入乌梁素海后，主要以四种途径输出：一是通过乌毛计闸泄水移出；二是随湖盆区工、农业生产用水和生活用水移出，因乌梁素海工、农业、生活用水极少，此途径输出量可以忽略；三是通过食物链捕捞湖中鱼产品途径输出；四是海区内芦苇和水草等收割输出。2005~2008 年乌梁素海主要污染物平衡见表 3-3。

表 3-3 乌梁素海水体主要污染物平衡表 （单位：t/a）

	项目	水量/（亿 m³/a）	COD	氨氮	TN	TP
	入湖总量	5.10	24778.17	1279.17	2292.65	247.36
出湖总量	乌毛计闸泄水	2.03	9331.3	94.9	331.5	44.7
	捕捞鱼产品				37.5	6.25
	芦苇水草收割			670	480	35
	小计	2.03	9331.28	764.90	849	85.95
剩余量	剩余量		15446.89	514.27	1443.65	161.41
	占入湖比例/%		62.34	40.20	62.97	65.25

3.2 流域主要污染负荷趋势预测

其基准年为 2008 年，近期水平年至 2015 年，远期水平年至 2020 年。水平年内，在现有的治理水平下，随着人口增加和流域社会经济的发展，流域污染负荷产生量将呈增加趋势。本章在不同水平年人口与社会经济增长预测的基础上，分别对不同水平年流域污染负荷产生量与入湖量进行预测,为不同水平年污染物总量控制方案及科学治理对策的提出提供依据。

3.2.1　流域人口与社会经济发展预测

1) 流域人口增长预测

流域人口预测包括不同水平年流域内城镇人口与农村人口的预测。流域基准年各行政区人口数据来源于 2008 年《巴彦淖尔统计年鉴》,参照近年来巴彦淖尔市人口增长情况及巴彦淖尔市"十一五"规划,结合巴彦淖尔市《水资源综合规划报告》,保守估计流域人口年增长率为 0.8%,各旗县城镇化率见表 3-4。

表 3-4　不同水平年流域内行政区城镇化率汇总表

行政区	水平年	城镇化率/%
临河区	2015	72.16
	2020	82.16
五原县	2015	48.91
	2020	58.91
磴口县	2015	59.43
	2020	69.43
乌拉特前旗	2015	44.02
	2020	54.02
乌拉特中旗	2015	48.75
	2020	58.75
乌拉特后旗	2015	68.31
	2020	78.31
杭锦后旗	2015	40.87
	2020	50.87

流域人口增长采用指数增长模型预测,计算公式如下:

$$P_i = P_{2008}(1+a_i)^{t_i} \tag{3.1}$$

式中,P_i 为不同水平年目标年人口数;P_{2008} 为基准年(2008 年)的统计人口;a_i 为规划目标年与基准年间的平均增长率,不同水平年 a_i 是变化的;t_i 为规划目标年与基准年的时间间隔(年)。

由式(3.1)可以得到不同水平年流域人口总数,见表 3-5。

表 3-5   不同水平年流域人口预测   （单位：万人）

行政区	2008 年			2015 年			2020 年		
	城镇人口	农业人口	总人口	城镇人口	农业人口	总人口	城镇人口	农业人口	总人口
临河区	30.75	22.71	53.46	40.79	15.74	56.53	48.33	10.49	58.82
五原县	8.89	18.79	27.68	14.31	14.95	29.27	17.94	12.51	30.46
磴口县	7.35	4.76	12.11	7.61	5.19	12.80	9.25	4.07	13.33
乌拉特前旗	11.45	21.35	32.8	15.27	19.41	34.68	19.50	16.59	36.09
乌拉特中旗	1.09	1.64	2.73	7.05	7.41	14.45	8.84	6.20	15.04
乌拉特后旗	2.47	0.99	3.46	3.58	1.66	5.24	4.27	1.18	5.46
杭锦后旗	10.02	19.06	29.08	12.57	18.18	30.75	16.28	15.72	32.00
合计	72.02	89.30	161.32	101.18	82.55	183.73	124.41	66.79	191.20

2）流域经济发展预测

根据《巴彦淖尔市国民经济和社会发展第十一个五年规划纲要》经济发展目标，参考《巴彦淖尔市水资源综合规划》《内蒙古自治区水资源综合规划》《内蒙古自治区黄河水权转换总体报告》《内蒙古自治区巴彦淖尔市工业供水规划》成果，结合巴彦淖尔市发展规划，分析确定巴彦淖尔市各业发展指标见表 3-6。

表 3-6   不同水平年流域经济发展指标

不同水平年	年平均增长率/%			
	第一产业	第二产业	第三产业	国内生产总值
2008～2015 年	7	18	17	15.9
2016～2020 年	4	10	11	9.6

经济发展采用指数增长模型进行预测，公式如下：

$$G_i = G_{2008}(1+a_i)^{t_i} \qquad (3.2)$$

式中，G_i 为规划目标年总产值；G_{2008} 为基准年（2008 年）的总产值；a_i 为年平均增长率；t_i 为规划目标与基准年间的时间间隔。

不同水平年巴彦淖尔市经济规模预测结果见表 3-7。巴彦淖尔市第一、二、三产业的比例由 2008 年的 21：52：27 调整为 2015 年的 12：59：29，再到 2020 年的 9：61：30。产业结构比例见图 3-1。

表 3-7　不同水平年流域经济预测　　　　　　（单位：亿元）

不同水平年	第一产业	第二产业	第三产业	国内生产总值
2008	92.66	229.61	116.79	439.06
2015	148.8	731.4	350.5	1230.7
2020	181.0	1178.0	590.6	1949.6

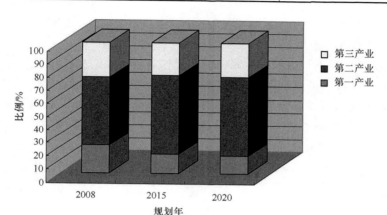

图 3-1　不同水平年流域经济产业结构比例

3.2.2　流域污染负荷趋势预测

1）农村生活污水污染预测

农村生活污水估算采用人均综合排污系数法，以不同水平年人口增长预测结果为基准，根据流域发展总体规划，计算出不同规划期流域内农村生活污水污染物排放量，见表 3-8。

表 3-8　不同水平年流域农村生活污水排放量预测　　　（单位：t/a）

不同水平年	污水总量/(万 t/a)	COD	氨氮	TN	TP
2008	97.8	1629.7	104.3	208.6	42.4
2015	90.4	1506.5	96.4	192.8	39.2
2020	73.1	1218.9	78.0	156.0	31.7

乌梁素海流域内水资源匮乏，降水少，风大且多，光热充足，年蒸发量大，农村生活污水只有很少部分能够排入排干沟进入乌梁素海。取农村排放生活污水中污染物入湖系数为 0.5[①]，估算农村生活污水入湖量，见表 3-9。

----

① 取入湖系数值的依据是，假设各地产生的污染物成分相同，污染物迁移入湖过程符合一级动力学方程，入湖量与到乌梁素海之间的距离有关。根据历年流域污染物排放量和入湖水质数据，估算得到各类污染物的入湖系数为 0.5。

表 3-9　不同水平年流域内农村生活污染物入湖量预测　　（单位：t/a）

水平年	COD	氨氮	TN	TP
2008	814.9	52.2	104.3	21.2
2015	753.3	48.2	96.4	19.6
2020	609.5	39	78	15.9

2）畜禽粪尿污染预测

流域畜粪尿污染与流域畜禽养殖的发展相对应。根据流域农业产值发展及畜禽增长预测，参考巴彦淖尔市《水资源综合规划报告》对河套灌区牲畜数量的预测结果（见表 3-10），以每 3 只羊折合为 1 头猪，每 5 头猪折合为 1 头大牲畜，将畜禽总数折算为大牲畜的数量，结果见表 3-10。畜禽粪尿污染物排放量的估算结果见表 3-11。

表 3-10　流域内牲畜总量　　（单位：万头）

水平年	大牲畜	羊	猪	总数	折算后大牲畜数量
2008	24.6	542.2	43.9	610.7	69.54
2015	39.84	1325.30	66.01	1431.16	141.4
2020	56	2220	85	2361	221

表 3-11　不同水平年流域畜禽粪尿污染排放量预测　　（单位：t/a）

水平年	COD	氨氮	TN	TP
2008	6853.2	279.2	837.6	106.6
2015	13935.0	567.7	1703.2	216.78
2020	21779.6	887.3	2661.9	338.8

取养殖废水中 COD、氨氮、TN、TP 的入湖系数均为 0.5，估算其污染物入湖量，见表 3-12。

表 3-12　不同水平年流域养殖畜禽污染物入湖量预测　　（单位：t/a）

水平年	COD	氨氮	TN	TP
2008	3426.6	139.6	418.8	53.3
2015	6967.5	283.85	851.6	108.39
2020	10889.8	443.65	1330.95	169.4

3）农村生活垃圾污染预测

农村生活垃圾污染预测采用人均综合排污系数法，选取以下参数进行估算：年人均垃圾产生量采用 250kg，其中 COD 为 10%，TN 为 0.21%，TP 为 0.22%。按照不同水平年流域农村人口的预测，得出不同规划期农村生活垃圾污染量，见表3-13。

表 3-13　不同水平年流域农村生活垃圾排放量预测　　（单位：t/a）

规划年	垃圾总量	COD	TN	TP
2008	223250	22325.0	491.15	468.83
2015	206375	20637.5	454.03	433.39
2020	166975	16697.5	367.35	350.65

乌梁素海流域内降水量少，本规划认为农村生活垃圾污染不直接流入乌梁素海，故在汇总入湖污染负荷时将不纳入计算。

4）农田排水污染预测

在满足粮食产量不变的情况下，本规划假定化肥施用量在规划近远期保持同一水平。考虑到远期节水灌溉工程的实施会减小化肥施用量或者污染物径流流失系数，保守估算，流域远期农田排水中 COD 和氨氮排放量递减 10%，化肥径流排放量和农药有机磷排放量递减 10%。不同水平年流域农田排水氮、磷排放量预测见表 3-14，不同规划年流域农田排水污染物的排放量预测见表 3-15。

表 3-14　不同水平年流域农田排水氮、磷排放量预测　　（单位：t/a）

指标			现状年	规划年	
			2008 年	2015 年	2020 年
化肥	施用量	折纯总量	217656	217656	217656
		氮肥折纯	141964	141461	141461
		磷肥折纯	26310	76194	76194
	径流排放量	TN	275.8	275.8	248.3
		TP	121.9	121.9	109.7
农药	施用量	总量	1107	1781	1781
		有效有机磷	712	712	712
	排放量	有机磷	1.4	1.4	1.3

表 3-15　不同水平年流域农田排水污染物排放量预测　　（单位:t/a）

不同水平年	COD	氨氮	TN	TP
2008	13496.6	78.3	275.8	123.3
2015	13496.6	78.3	275.8	123.3
2020	12146.9	70.5	248.2	111.0

取农田排水中污染物入湖系数为 0.5,估算农田排水污染物入湖量,见表3-16。

表 3-16　不同水平年流域农田排水污染入湖量预测　　（单位:t/a）

水平年	COD	氨氮	TN	TP
2008	6748.3	39.15	137.9	61.65
2015	6748.3	39.15	137.9	61.65
2020	6073.45	35.25	124.1	55.5

5）农村水产养殖污染预测

根据流域发展总体规划,考虑到流域水产养殖业的发展及废水利用率的提高,本规划按近期递减 10%,远期递减 15%,对流域水产养殖污染进行预测,得到水产养殖废水的污染物排放量,见表 3-17。

表 3-17　不同水平年流域水产养殖污染排放量预测　　（单位:t/a）

水平年	COD	氨氮	TN	TP
2008	293.05	26.88	33.6	6.47
2015	263.75	24.19	30.24	5.82
2020	249.09	14.85	18.56	5.50

取养殖废水中污染物的入湖系数为 0.5,估算其污染物入湖量,见表 3-18。

表 3-18　不同水平年流域水产养殖污染物入湖量预测　　（单位:t/a）

水平年	COD	氨氮	TN	TP
2008	146.53	13.44	16.80	3.24
2015	131.87	12.10	15.12	2.91
2020	124.55	12.43	14.28	2.75

6）城镇生活污染预测

根据第一次全国污染源普查资料,流域城镇生活产排污系数 COD 为 60g/（人·d）;氨氮为 7.2g/（人·d）;TN 为 10g/（人·d）;TP 为 0.63g/（人·d）;现状年和近期生活污水产生量取 105L/（人·d）,远期取 145L/（人·d）。由此估算巴彦淖尔市城镇生活污染物产生量见表 3-19。

表 3-19　不同水平年流域城镇污染物产生量预测　（单位：t/a）

水平年	生活废水/（万 t/a）	COD	氨氮	TN	TP
2008	2760.2	1577.2	1892.7	2628.7	165.6
2015	3877.7	22158.4	2659.0	3693.1	232.7
2020	6584.4	27245.8	3269.5	4541.0	286.1

　　流域内现有临河污水处理厂处理临河区城镇生活废水及工业废水，2002 年投入运行，污水处理能力为 6 万 t/d，实际处理城镇生活污水量为 1290 万 t，废水排放系数取 0.8。参考污水处理效果可知，该污水处理厂年处理城镇生活废水中 COD、氨氮、TN、TP 的量分别为 3140t、180t、220t、13t。

　　在不同水平年，流域内建设的城镇污水处理设施共 7 个，改造项目 1 个，取城镇污水处理率近期达到 70%，远期达到 90%，处理后废水按照《城镇污水处理厂污染物排放标准》（GB 18918—2002）一级 A 标排放，废水排放系数取 0.8。流域城镇生活污染物排放量预测见表 3-20。

表 3-20　不同水平年流域城镇生活污水排放量预测　（单位：t/a）

水平年	生活废水/（万 t/a）	COD	氨氮	TN	TP
2008	2256.40	10018.54	1484.8	2125.6	136.4
2015	3102.2	6403.8	746.7	1212.1	66.7
2020	5267.5	4550.0	498.6	1074.4	46.6

　　流域城镇生活污水中污染物入湖系数为 0.5，估算规划年城镇生活污染物入湖量结果见表 3-21。

表 3-21　不同水平年流域城镇生活污水入湖量预测　（单位：t/a）

水平年	COD	氨氮	TN	TP
2008	5009.27	742.4	1041.9	66.15
2015	3201.9	373.35	606.05	33.35
2020	2275	249.3	537.2	23.3

　　7）旅游污染预测

　　根据近年旅游业的发展，考虑到流域旅游人口在不同规划年有增长，同时旅游污水收集和处理率又将会有一定增加，按照 2008～2015 年旅游污染直排率为 30%、2016～2020 年直排率为 15% 进行预测。排放系数按照城镇人口废水及污染物排放系数估算，得到不同规划年巴彦淖尔市旅游污染物排放量见表 3-22。

表 3-22　不同水平年流域旅游污染物排放量预测　（单位：t/a）

水平年	COD	氨氮	TN	TP
2008	165.53	19.86	27.59	1.74
2015	165.53	19.86	27.59	1.74
2020	82.77	9.93	13.80	0.87

旅游污水中污染物入湖系数为 0.5，估算水平年旅游污染物入湖量结果见表 3-23。

表 3-23　不同水平年流域旅游污染物入湖量预测　（单位：t/a）

水平年	COD	氨氮	TN	TP
2008	82.77	9.93	13.80	0.87
2015	82.77	9.93	13.80	0.87
2020	41.39	4.97	6.90	0.44

8）工业污染预测

根据巴彦淖尔市工业发展趋势预测工业废水排放量。预测 2015 和 2020 年工业 GDP 增长率分别为 18%、10%。在不同水平年，由于巴彦淖尔市建设有污水处理设施，处理后废水回用于工业用水，故假定到 2015 年园区内污水收集管网覆盖率为 95%，到 2020 年污水收集管网覆盖率 100%。园区内污水经处理后全部回用，回用水水质符合回用水标准；园区外废水经处理后外排，出水水质符合《城镇污水处理厂污染物排放标准》（GB 18918—2002）一级 A 标排放标准。不同水平年内流域工业污染物排放量见表3-24。

表 3-24　不同水平年流域工业污水排放量预测　（单位：t/a）

水平年	工业废水（万 t/a）	COD	氨氮	TN	TP
2008	2331.21	17099.6	593.1	1050.8	28.5
2015	2543	2535.6	719.7	898.4	15.5
2020	2484	1241.8	287.1	358.4	15.0

工业废水污水中污染物入湖系数为 0.5，估算流域工业污染物入湖量见表3-25。

表 3-25　不同水平年流域工业污染物入湖量　（单位：t/a）

水平年	COD	氨氮	TN	TP
2008	8549.80	282.45	507.75	14.25
2015	1267.80	359.85	449.20	7.75
2020	620.90	143.55	179.20	7.50

9) 水土流失污染预测

根据巴彦淖尔市环保局提供的资料,乌梁素海流域侵蚀方式常年以风蚀为主、水蚀为辅,其中平均风蚀模数为 2000t/(km² · a),水蚀模数为 1000t/(km² · a)。每年因水土流失损失的氮、磷量分别占土壤流失量的 0.02% 和 0.01%,入湖系数取 0.1。考虑通过生态林业工程建设,流域森林覆盖率逐步得到提高,按水土流失量近期递减 10%、远期再递减 15% 进行计算,据此得到的水土流失污染预测见表3-26。

表 3-26　不同水平年流域水土流失污染预测　　　（单位:t/a）

水平年	土壤流失量	TN		TP 流失量	
		流失量	入湖量	流失量	入湖量
2008	671535	134.3	13.4	67.2	6.7
2015	604382	120.9	12.1	60.4	6.0
2020	513724	102.7	10.3	51.4	5.1

10) 大气沉降污染预测

由于乌梁素海流域年降雨量很少,春季多风多沙,本次预测乌梁素海氮、磷大气沉降量主要考虑春季干沉降量。氮、磷干沉降通量参考 Li 等[1]的研究成果:在内蒙古科尔沁沙地农业区,春季的氮、磷大气沉降量分别为 0.04kg/ha 和 0.02 kg/ha。乌梁素海流域春季是每年 4～6 月,按 90 天计算,乌梁素海明水面积以 107.69km² 计算。综合考虑不同水平年流域内植被覆盖率有所增加等因素,大气沉降量按照近期基本保持不变、远期减少 5% 进行估算,得到不同水平年流域大气沉降量预测结果,见表 3-27。

表 3-27　不同水平年流域干湿沉降污染预测　　　（单位:t/a）

水平年	TN 沉降量	TP 沉降量
2008	38	20
2015	38	20
2020	36	18

3.2.3　不同规划期污染负荷预测汇总

不同水平年污染物排放量和入湖量预测数据汇总见表 3-28 和表 3-29。

表 3-28　不同水平年污染源排放量预测汇总表

（单位：t/a）

污染源	现状年 2008				水平年 2015				水平年 2020			
	COD	氨氮	TN	TP	COD	氨氮	TN	TP	COD	氨氮	TN	TP
工业废水	17099.6	593.1	1050.8	28.5	2535.6	719.7	898.4	15.5	1241.8	287.1	358.4	15.0
城镇生活污水	10018.54	1484.8	2125.6	136.4	6403.8	746.7	1212.1	66.7	4550.0	498.6	1074.4	46.6
畜禽养殖粪便	6853.2	279.2	837.6	106.6	13935.0	567.7	1703.2	216.78	21779.6	887.3	2661.9	338.8
农村生活污水	1629.7	104.3	208.6	42.4	1506.5	96.4	192.8	39.2	1218.9	78.0	156.0	31.7
农田排水	13496.6	78.3	275.8	123.3	13496.6	78.3	275.8	123.3	12146.9	70.5	248.2	111.0
旅游污水	165.53	19.86	27.59	1.74	165.53	19.86	27.59	1.74	82.77	9.93	13.80	0.87
农村生活垃圾	22325.0	—	491.15	468.83	20637.5	—	454.03	433.39	16697.5	—	367.35	350.65
农村水产养殖	293.05	26.88	33.6	6.47	263.75	24.19	30.24	5.82	249.09	14.85	18.56	5.50
大气沉降	—	—	38	20	—	—	38	20	—	—	36	18
水土流失	—	—	134.3	67.2	—	—	120.9	60.4	—	—	102.7	51.4
合计	71881.22	2586.44	5223.04	1001.44	58944.28	2252.85	4953.06	982.83	57966.56	1846.28	5037.31	969.52

表3-29　不同水平年污染源入湖量预测汇总表

（单位：t/a）

污染源	现状年 2008				水平年 2015				水平年 2020			
	COD	氨氮	TN	TP	COD	氨氮	TN	TP	COD	氨氮	TN	TP
工业废水	8549.80	282.45	507.75	14.25	1267.80	359.85	449.20	7.75	620.90	143.55	179.20	7.50
城镇生活污水	5009.27	742.4	1041.9	66.15	3201.9	373.35	606.05	33.35	2275	249.3	537.2	23.3
畜禽养殖粪便	3426.6	139.6	418.8	53.3	6967.5	283.85	851.6	108.39	10889.8	443.65	1330.95	169.4
农村生活污水	814.9	52.2	104.3	21.2	753.3	48.2	96.4	19.6	609.5	39	78	15.9
农田排水	6748.3	39.15	137.9	61.65	6748.3	39.15	137.9	61.65	6073.45	35.25	124.1	55.5
旅游污水	82.77	9.93	13.80	0.87	82.77	9.93	13.80	0.87	41.39	4.97	6.90	0.44
农村生活垃圾	—	—	—	—	—	—	—	—	—	—	—	—
农村水产养殖	146.53	13.44	16.80	3.24	131.87	12.10	15.12	2.91	124.55	12.43	14.28	2.75
大气沉降	—	—	38	20	—	—	38	20	—	—	36	18
水土流失	—	—	13.4	6.7	—	—	12.1	6.0	—	—	10.3	5.1
合计	24778.17	1279.17	2292.65	247.36	19153.44	1126.43	2220.17	260.52	20634.59	928.15	2316.93	297.89

3.3　乌梁素海水环境容量分析与估算

我们可以通过乌梁素海流域经济社会、生态环境、湖泊结构和功能、水系统、湖底地形等相关信息的调研及现场观测,模拟和预测不同库容及凌汛期补水方案、不同网格水道方案下,乌梁素海水动力水质变化特征,分析计算乌梁素海在水质目标为Ⅳ类时,乌梁素海的水环境容量(用允许入湖总量表示),技术路线见图 3-2。

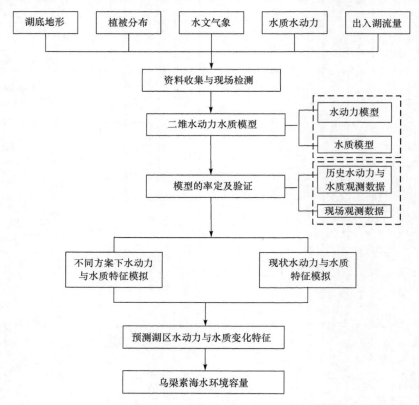

图 3-2　计算乌梁素海水环境容量技术路线

3.3.1　乌梁素海水动力水质模拟

1. 水动力模型基础方程

水动力模型控制方程如式(3.3)～式(3.6)所示,在二阶有限微分的基础上对垂向、自由表面和扰动平均对模型进行数值求解,从而给出湖流场、水位和水温场。

水质模型在水动力模块提供的物理条件并考虑泥水界面行为的基础上,模拟多项水污染物的迁移转化。

$$\partial_t(m_x m_y H u) + \partial_x(m_y H u u) + \partial_y(m_x H v u) + \partial_z(m_x m_y w u) - f_e m_x m_y H v$$

$$= -m_y H \partial_x(p + p_{atm} + \phi) + m_y(\partial_x z_b^* + z \partial_x H)\partial_z p + \partial_z\left(m_x m_y \frac{A_V}{H}\partial_z u\right)$$

$$+ \partial_x\left(\frac{m_y}{m_x}H A_H \partial_x u\right) + \partial_y\left(\frac{m_x}{m_y}H A_H \partial_y u\right) - m_x m_y c_p D_p (u^2 + v^2)^{1/2} u \qquad (3.3)$$

$$\partial_t(m_x m_y H v) + \partial_x(m_y H u v) + \partial_y(m_x H v v) + \partial_z(m_x m_y w v) + f_e m_x m_y H u$$

$$= -m_x H \partial_y(p + p_{atm} + \phi) + m_x(\partial_y z_b^* + z \partial_y H)\partial_z p + \partial_z\left(m_x m_y \frac{A_V}{H}\partial_z v\right)$$

$$+ \partial_x\left(\frac{m_y}{m_x}H A_H \partial_x v\right) + \partial_y\left(\frac{m_x}{m_y}H A_H \partial_y v\right) - m_x m_y c_p D_p (u^2 + v^2)^{1/2} v \qquad (3.4)$$

$$m_x m_y f_e = m_x m_y f - u \partial_y m_x + v \partial_x m_y \qquad (3.5)$$

$$(\tau_{xz}, \tau_{yz}) = A_V H^{-1}\partial_z(u, v) \qquad (3.6)$$

u 和 v 分别是曲线正交坐标系中的水平面上的 x 和 y 方向的两个量刚为 1 的速度分量。它们的平面坐标方向上的比例系数分别是 m_x 和 m_y。在扩展垂直 z 方向上的垂向速度 w。自由表面和底部的垂向坐标分别是 z_s^* 和 z_b^*。总的水深为 H,ϕ 是自由表面压力,等于 g_{zs}^*。有效柯氏加速度 f_e 同曲率加速度 f 合并在一起,根据方程(3.5)加上柯氏参量。运动学上的大气压与水的密度、静水压强之间的关系如下:

$$\partial_z p = -gHb = -gH(\rho - \rho_0)\rho_0^{-1} \qquad (3.7)$$

式中,ρ 和 ρ_0 是水的实际密度和基准密度;b 是浮力。水平方向的湍流切应力在方程(3.3)和(3.4)的最后一行,A_H 是水平方向的湍流黏性,当平流加速度用中心差分表示的时候被保留。

方程(3.3)和(3.4)的最后一项表示植被阻力,c_p 为阻力系数,D_p 量纲为 1,由植被的面积同水平方向的面积比来定义。

三维的连续方程在扩展的垂向的和曲线正交的平面坐标系中是

$$\partial_t(m_x m_y H) + \partial_x(m_y H u) + \partial_y(m_x H v) + \partial_z(m_x m_y w) = Q_H + \delta(0)(Q_{SS} + Q_{SW})$$
$$(3.8)$$

式中,Q_H 表示体积的源和汇,包括降雨、蒸发和不可忽略动量的边界出流和入流;Q_{SS} 和 Q_{SW} 是沉积物的净体积流量,定义其正方向为从池底到水相的方向;$\delta(0)$ 表示进入水体底层的量。将式(3.8)在深度方向上求平均,得到

$$\partial_t(m_x m_y H) + \partial_x(m_y H \bar{u}) + \partial_y(m_x H \bar{v}) = \bar{Q}_H + Q_{SS} + Q_{SW} \qquad (3.9)$$

根据物质守恒,对于沉积物有

$$\partial_t(m_x m_y B) = Q_{GW} - Q_{SS} - Q_{SW} \qquad (3.10)$$

式中,B 是总的确定沉积物的沉积床厚;Q_{GW} 是在沉积物底部的水的体积流量。沉床表层的高程定义如下:

$$\eta = B + z_{tb}^{*} \tag{3.11}$$

式中,z_{tb}^{*} 是沉积物沉床的底部的高程,是不随时间改变的量,代入式(3.10),方程式(3.10)可以写成

$$\partial_{t}(m_{x}m_{y}\eta) = Q_{GW} - Q_{SS} - Q_{SW} \tag{3.12}$$

由方程式(3.9)和(3.12)可以得出

$$\partial_{t}(m_{x}m_{y}\zeta) + \partial_{x}(m_{y}H\bar{u}) + \partial_{y}(m_{x}H\bar{v}) = \bar{Q}_{H} + Q_{GW} \tag{3.13}$$

水面高程由式(3.14)定义如下:

$$\zeta = z_{s}^{*} = H + \eta \tag{3.14}$$

对于一般的可溶解的或者悬浮物质的传输方程,其单位体积的质量浓度为 C,表示如下:

$$\partial_{t}(m_{x}m_{y}HC) + \partial_{x}(m_{y}HuC) + \partial_{y}(m_{x}HvC) + \partial_{z}(m_{x}m_{y}wC) - \partial_{z}(m_{x}m_{y}w_{x}C)$$
$$= \partial_{x}\left(\frac{m_{y}}{m_{x}}HK_{H}\partial_{x}C\right) + \partial_{y}\left(\frac{m_{x}}{m_{y}}HK_{H}\partial_{y}v\right) + \partial_{z}\left(m_{x}m_{y}\frac{K_{V}}{H}\partial_{z}C\right) + Q_{C} \tag{3.15}$$

式中,K_{V} 和 K_{H} 分别是垂向和水平方向的湍流扩散系数;w_{sc} 是正方向的沉淀速度;C 表示悬浮物;Q_{C} 表示外部的源和汇以及起反应的内部的源和汇。

2. 水质模型控制方程

水质变量的质量守恒的控制方程如式(3.16)所示。

$$\frac{\partial C}{\partial t} + \frac{\partial(uC)}{\partial x} + \frac{\partial(vC)}{\partial y} + \frac{\partial(wC)}{\partial z}$$
$$= \frac{\partial}{\partial x}\left(K_{x}\frac{\partial C}{\partial x}\right) + \frac{\partial}{\partial y}\left(K_{y}\frac{\partial C}{\partial y}\right) + \frac{\partial}{\partial z}\left(K_{z}\frac{\partial C}{\partial z}\right) + S_{C} \tag{3.16}$$

式中,C 为水质变量的浓度;u、v 和 w 分别为 x、y 和 z 方向上的速度分量;K_{x}、K_{y} 和 K_{z} 分别为 x、y 和 z 方向上的湍流扩散率;S_{C} 为单位体积的内部和外部的源和汇。

对于运动过程构造运动方程如式(3.17)及式(3.18)所示:

$$\frac{\partial C}{\partial t} = S_{C} \tag{3.17}$$

$$\frac{\partial C}{\partial t} = K \cdot C + R \tag{3.18}$$

采用隐式格式在 t 时间上解方程可得

$$C_{-P}^{n} - C^{n-1} = \Delta t \cdot C^{n-1} + \Delta t \cdot R^{n-1} \tag{3.19a}$$

其中,上标表示时步;$-P$ 表示未考虑物质传输影响下的 t 时步上的中间浓度;$+P$

则表示在 t 上采用物质传输修整的浓度；$-K$ 表示未考虑动力因素修整在 t 上的中间浓度；$+K$ 表示在 t 上采用动力修整的浓度。从而在图 3-3 的 a 过程中，$C_{-P}^{n}=C_{+K}^{n-1}$。

对于中间浓度场，C_{+K}^{n-1} 是 S_2 中两个时间步长 $2t$（从 t_{n-1} 到 t_{n+1}）上的物质传输，计算方式如下：

$$C_{-K}^{n+1}-C_{+K}^{n-1}=2\Delta t PTK \tag{3.19b}$$

$$C^{n+1}-C_{+P}^{n}=\Delta t \cdot K^{n-1}C^{n+1}+\Delta t R^{n+1} \tag{3.19c}$$

$$C_{-P}^{n+2}-C^{n+1}=\Delta t \cdot K^{n+1}C^{n+1}+\Delta t R^{n+1} \tag{3.19d}$$

C_{-P}^{n+2} 是 $t=t_{n+2}$ 时刻的中间浓度，未考虑 t_{n+1} 到 t_{n+2} 的物质传送。在实际中，S_3 和 S_4 可以由方程（3.19c）和方程（3.19d）联合表示。

C_{-P}^{n+2} 未考虑物质传输影响的 $t=t_{n+2}$ 时刻的中间浓度。实际上：

$$C_{-P}^{n+2}-C_{+P}^{n}=\Delta t \cdot (K^{n-1}+K^{n+1})\cdot C^{n+1}+2\Delta t R^{n+1} \tag{3.20}$$

式（3.20）可以近似表示为

$$C_{-P}^{n+2}-C_{+P}^{n}=\Delta t \cdot (K^{n-1}+K^{n+1})\cdot C^{n+1}+2\Delta t R^{n} \tag{3.21}$$

也可以表示为

$$C_{+K}^{n+1}-C_{-K}^{n+1}=\Delta t \cdot K^{n}(C_{-K}^{n-1}+C_{+K}^{n+1})+2\Delta t R^{n} \tag{3.22}$$

假设

$$K^{n-1}+K^{n+1}\approx 2K^{n} \tag{3.23a}$$

$$C^{n+1}-\frac{1}{2}(C_{+P}^{n}+C_{-P}^{n+2})=\frac{1}{2}(C_{-K}^{n+1}+C_{+K}^{n+1}) \tag{3.23b}$$

$$R^{n+1}\approx R^{n} \tag{3.23c}$$

式（3.19）和式（3.21）是对方程（3.18）在 $2t$（从 t_{n-1} 到 t_{n+1} 的两个时步）上的 2 阶精度的梯形解法，$t=t_{n+1}$ 时的浓度由式（3.23b）给出。R 代表源和汇，包括外部物质输入，以及水体和沉积物之间的物质交换。在模型应用中，外部物质的输入经常采用每天物质输入总量来表示，水体和沉积物之间的物质交换也采用天或者月份来计算。t 在三维即时的真实时间模型中是在分钟的量级上的，因此，式（3.23c）对方程的求解精度不会造成太大的影响。

如图 3-3 所示，当 S_3 和 S_4 联合求解时，方程（3.18）和方程（3.19）作为物质传输方程的代替求解格式，见式（3.19b），动力过程方程见式（3.23），对应图 3-3 中的 b 过程。方程（3.19b）和方程（3.22）都是二阶精度。应该注意到，中间浓度无论是在 $\pm K$ 还是在 $\pm P$ 下的浓度都不是该时间点下的真实浓度。

　　最终,解的方法总结为图3-3中的c过程,水质参数的动力过程的时间步长远远大于水动力计算中的时步 D_t,动力方程式(3.14)不能采用解物质传输方程的方法来求解。总体来说,$q=m \cdot 2D_t$,m 是一个正整数。在图3-3中的c过程中,动力方程采用的时间间隔是 q,从 t_n 到 t_{n+2m},即每 m 个物质传输过程的计算步长作为动力方程的计算步长。但是,应该注意的是 q 不能太大,否则会在计算中带来不稳定性。

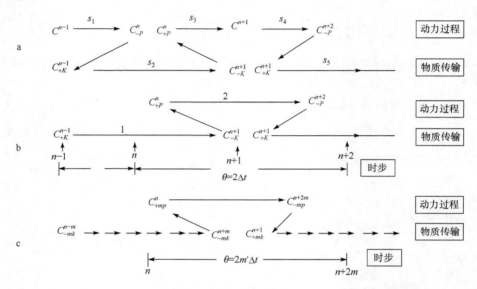

图3-3　质量守恒方程中的水质参变量的求解方法(动力过程＋物质传输)

　　动力过程和物质传输过程的解耦计算,能够得到简单有效的计算方法。控制方程的解耦不仅简化了求解格式,而且让方程更容易加入新的水质参变量,更容易对动力方程进行改进。对于物质传输方面的求解格式,它只在物质守恒的情况下成立。若是添加新的水质参变量或修改动力方程只需对求解格式做少量修改

　　3. 水动力水质模拟网络

　　乌梁素海的面积比较大,考虑到数值计算的有效性,网格采用了矩形网格的结构,网格尺寸为 200m×280m,共有 5423 个参与计算的网格,具体结构见图3-4和图3-5,将前一阶段测量工作中所获得的乌梁素海的湖底高程数据进行差分,并分配到每个参与计算的网格,由于网格的尺寸为 200m×280m,得到的精度略低于测量报告中的精度,但是考虑到乌梁素海的湖底高程相对平坦,基本上在 1015.00～1019.00m,因此这样的差分已经比较准确地反映了地形地貌,完全可以保证数值计算。

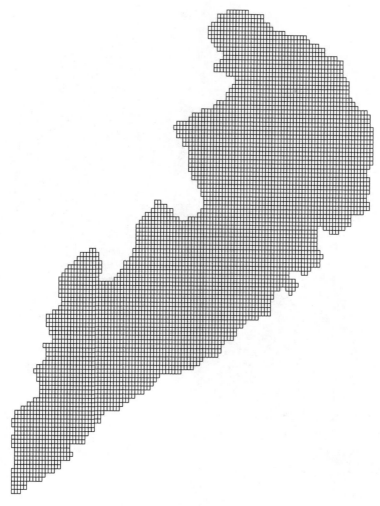

图 3-4　乌梁素海网格结构图

4. 模拟参数及边界条件

在本次的数值模拟计算中,采用 2003 年 1 月 1 日作为初始计算状态,计算时间从 2003 年 1 月 1 日～2006 年 12 月 31 日总计 4 年的时间,气象资料采用乌梁素海办公室所提供的月平均值,边界入流资料采用乌梁素海相关管理部门提供的月平均值(总排干、八排干、九排干)和季度平均值(长济渠和塔布渠)。

边界条件包括:开边界处各水质变量(氨氮、NO_3-N、TP、COD、BOD_5、DO 等)

图 3-5　乌梁素海湖底高程差分图

的浓度;气象因子(气压、干湿球湿度、降雨量、蒸发量、温度、云量、风速、风向等);
入湖流量、水体温度等。

初始条件包括:湖区各网格处水生植物分布;湖区各网格水体的初始水温;初
始水质浓度等。

3.3.2　乌梁素海水环境容量

1. 计算条件

乌梁素海现状水质为劣 V 类,在不同水平年内,乌梁素海的水质、库容及航道情况见表 3-30;IV 类水质目标各污染物浓度限值见表 3-31;现状航道和目标航道见图 3-6。

表 3-30　不同水平年乌梁素海水质、库容及航道状况设定

水平年	水质目标	库容/亿 m³	航道
2008(现状年)	—	3.22	现状航道
2015	50％水体达到IV类	3.22	目标航道
2020	IV类	3.22	目标航道

表 3-31　乌梁素海水质目标　　　　　　　　（单位:mg/L）

项目 水质目标	COD	氨氮	TN	TP
IV类	30	1.5	1.5	0.1

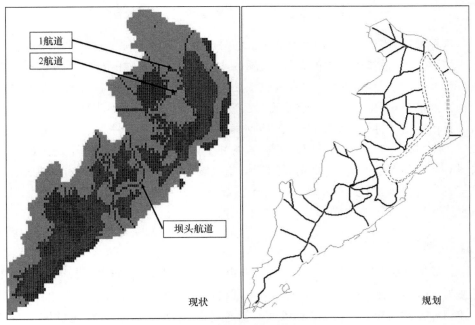

图 3-6　现状航道和目标航道分布示意图

2. 现状航道和目标航道水动力效果模拟

现状航道与目标航道条件下第 18 天湖区流速矢量分布见图 3-7,第 150 天湖区流速矢量分布见图 3-8。

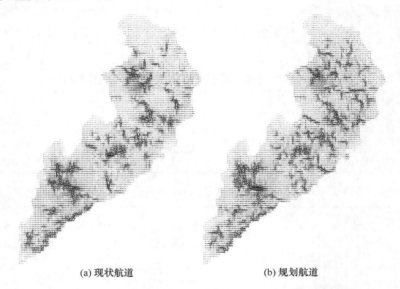

(a) 现状航道　　　　　　　　(b) 规划航道

图 3-7　现状与目标航道条件下第 18 天湖区流速矢量分布

目标航道条件下,从第 18 天湖区水动力与现状航道条件下的对比分析可以看出,尽管在只有总排干进水的条件下,湖区水动力状况明显好于现状航道条件,在西、东大滩及其间芦苇区,大北口区域水动力改善尤其明显,整个湖区原有死水区面积得到消减,但由于总排干进水流量比较小,这种改善作用不明显。

目标航道条件下,从第 150 天湖区水动力与现状航道条件下的对比分析可以看出,在总排干与八、九排干同时进水的条件下,目标航道条件下整个湖区的流动情况有非常显著的改善,整个湖区的紊动非常显著,湖区水流成为一体。湖区总体流速也明显提高,流速在 0.05～0.6cm/s,湖区死水面积大大减少,东大滩北部区域水流状况得到明显改善。

3. 风对流场及流速的影响

乌梁素海中的流速绝对值在 0.0147～0.2505cm/s,在同样的计算基础上加入风速为 12m/s 的西北风,得到的流速标量分布见图 3-9,流速分布区间上升到 0.0223～0.3351cm/s,可以看到风速对流速还是有比较大的影响,无疑网格水道的打通,会加大风速对湖区水动力的影响,有利于提高水体的自净能力。

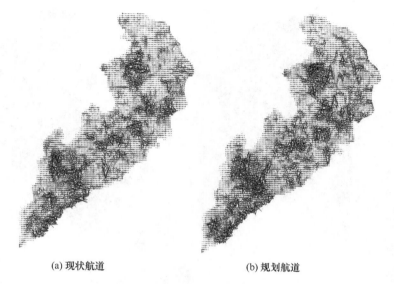

(a) 现状航道　　　　　　　　　　　(b) 规划航道

图 3-8　现状与目标航道条件下第 150 天湖区流速矢量分布

4. 乌梁素海水质模拟结果分析

湖区水质模拟是在水动力模拟基础上耦合水质模型,利用水动力模拟时的各排干进水条件模拟乌梁素海中水质因子的变化情况。

1) 现状情况下污染物浓度分布模拟

乌梁素海在现状污染负荷下,湖区内污染物浓度的时空分布见图 3-10 和图 3-11。可见,在现状污染负荷下,乌梁素海 90% 以上的湖区水体中污染物浓度为劣 V 类,这与实际情况相符,证明模型模拟的可靠性。

2) 乌梁素海最大允许入湖量分析

通过设置和模拟不同的污染物入湖负荷下乌梁素海水体水质变化情况,最终得到乌梁素海在现状航道和目标航道下污染物的最大允许入湖量,见表 3-32。情景 1 的模拟结果能够满足 2015 年乌梁素海 50% 的水体达到 IV 类水质的要求(见图 3-12、图 3-13);情景 2 的模拟结果能够满足 2020 年乌梁素海水体全部达到 IV 类水质的要求(见图 3-14、图 3-15)。情景 1 下,2015 年 2 月、6 月湖区污染物浓度空间分布图见图 3-16、图 3-17;情景 2 下,2020 年 2 月、6 月湖区污染物浓度空间分布图见图 3-18、图 3-19。

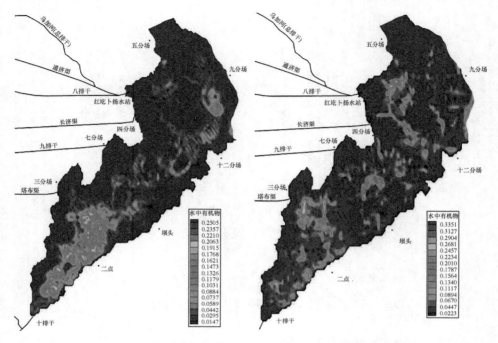

图 3-9　无风和有风情况下的流速大小分布图(cm/s)

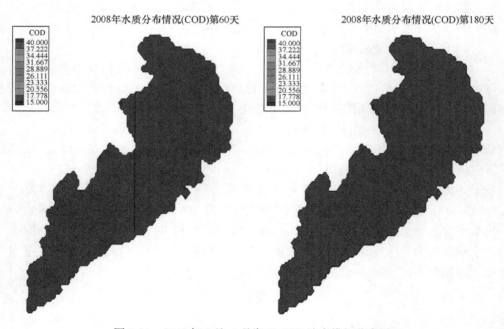

图 3-10　2008 年 2 月、6 月湖区 COD 浓度模拟分布图

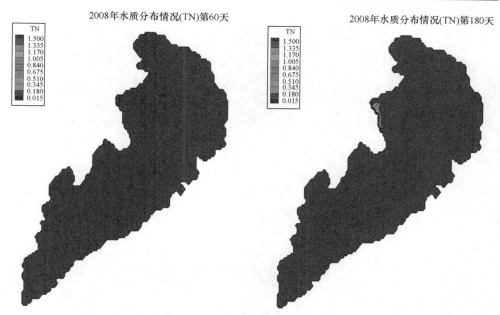

图 3-11　2008 年 2 月、6 月湖区 TN 浓度模拟分布图

表 3-32　不同水平年主要污染物纳污能力　　　　（单位：t/a）

情景	库容及水动力条件	最大允许入湖量			
		COD	氨氮	TN	TP
1	3.22 亿 m³ 库容，现状航道	11828.9	632.6	722.3	40.5
2	3.22 亿 m³ 库容，目标航道	14786.1	843.4	963.0	45.4

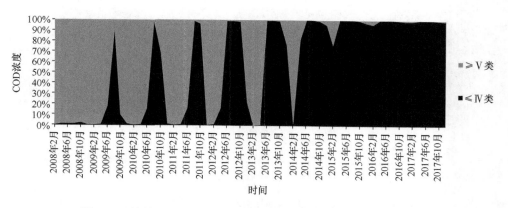

图 3-12　情景 1 COD 浓度达到Ⅳ类水质的水体面积随时间变化图

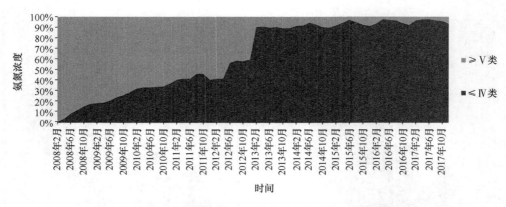

图 3-13　情景 1 氨氮浓度达到Ⅳ类水质的水体面积随时间变化图

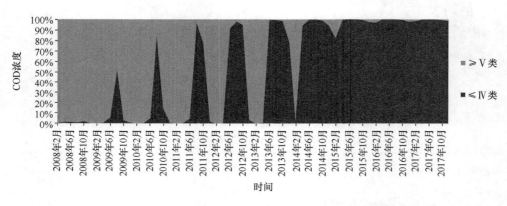

图 3-14　情景 2 COD 浓度达到Ⅳ类水质的水体面积随时间变化图

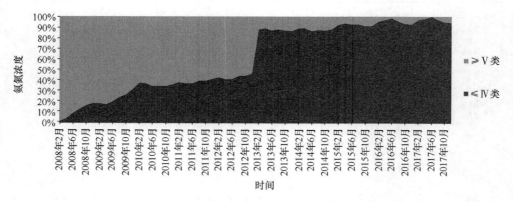

图 3-15　情景 2 氨氮浓度达到Ⅳ类水质的水体面积随时间变化图

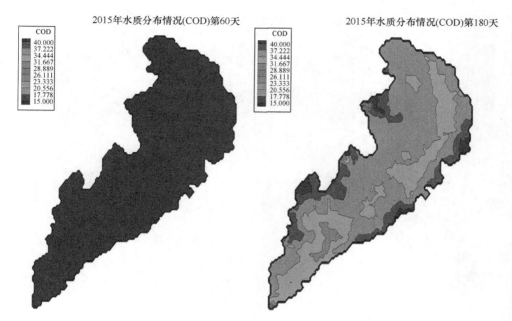

图 3-16　2015 年 2 月、6 月湖区 COD 浓度模拟分布图(情景 1)

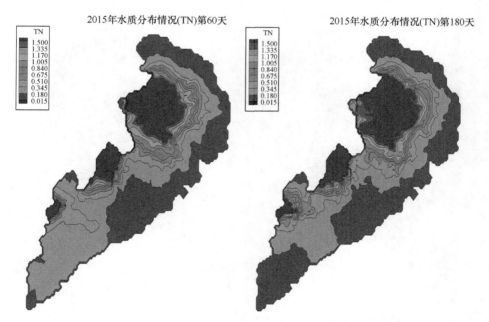

图 3-17　2015 年 2 月、6 月湖区 TN 浓度模拟分布图(情景 1)

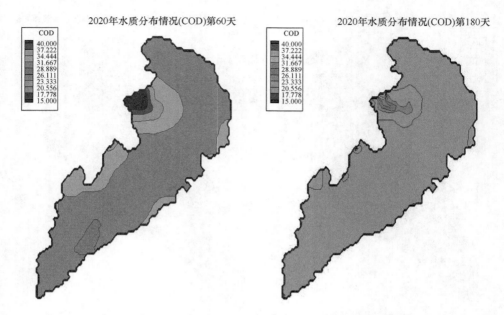

图 3-18　2020 年 2 月、6 月湖区 COD 浓度模拟分布图(情景 2)

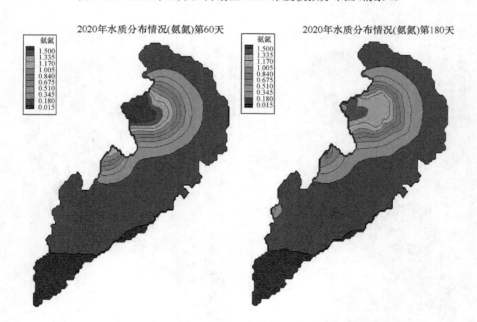

图 3-19　2020 年 2 月、6 月湖区氨氮浓度模拟分布图(情景 2)

3) 计算结果

根据乌梁素海水动力-水质模型模拟结果及不同水平年排水量预测数据,按照各排水干沟水功能区划管理目标,对不同水平年乌梁素海水环境容量(用允许入湖总量表示)进行计算,结果见表 3-33。

表 3-33　不同水平年主要污染物纳污能力　　　　(单位:t/a)

水平年	库容及水动力条件	允许排放量			
		COD	氨氮	TN	TP
2008~2015	3.22 亿 m³ 库容,现状航道	11828.9	632.6	722.3	40.5
2016~2020	3.22 亿 m³ 库容,目标航道	14786.1	843.4	963.0	45.4

3.4　乌梁素海流域主要污染物总量控制分析与对策

3.4.1　乌梁素海水环境容量初次分配

通过对"入湖通道削减—排放源治理—源头控制"三个层面的分析,结合乌梁素海可分配的水环境容量,计算需要削减的污染物总量,使流域污染负荷产生量与入湖量得以降低,达到湖泊水环境容量范围之内。具体思路见图 3-20。

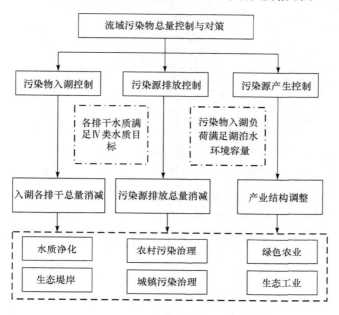

图 3-20　流域污染源排放总量控制方案总体思路

　　为保证湖泊水质目标的实现,超出乌梁素海水环境容量的部分就应该削减。根据美国国家环境保护署的 TMDL 流域污染控制和管理思想,对乌梁素海水环境容量总量进行分配。

　　采用 EPA 提出的最大年负荷总量(total maximum yearly loads,TMYL),将负荷量在点源、非点源及安全临界值三者之间进行合理的分配,为水质目标的实现提供保证,一定程度上消除了污染负荷与受纳水体、水质之间关系的不确定性量值,可以更加严格、科学地保护水体,即使在临界条件下也可以保障水体水质不受或少受侵害。TMYL 计算公式为

$$TMYL = WLAS + LAS + MOS \qquad (3.24)$$

式中,WLAS(waste-load allocation)为点源的污染负荷分配部分;LAS(load allocation)为非点源的污染负荷分配部分及自然本底部分;MOS(margin of safety)为安全临界值,即污染物负荷与受纳水体水质间不确定性数量的表示,反映了污染物负荷和接纳水体质量间的不确定关系。取乌梁素海允许排放量的 10% 作为MOS,不进行分配。

　　根据以上容量总量分配原则,得到乌梁素海水环境环境容量初次分配结果见表 3-34。

表 3-34　不同水平年乌梁素海水环境容量初次分配　　　　(单位:t/a)

水平年	容量分配	COD	氨氮	TN	TP
2015	TMYL	11828.9	632.6	722.3	40.5
	MOS	1182.9	63.3	72.2	4.1
	LAS+WLAS	10646.0	569.3	650.1	36.4
2020	TMYL	14786.1	843.4	963.0	45.4
	MOS	1478.6	84.3	96.3	4.5
	LAS+WLAS	13307.5	759.1	866.7	40.9

　　非点源污染具有随机性、间歇性、滞后性和复杂性等特点,在容量分配时优先考虑很难或较难通过工程防治措施得到消减的非点源。鉴于此,保守分配给乌梁素海流域内大气沉降和水土流失的水环境容量等于这两个污染源的污染负荷,可分配给其他点源和非点源的容量会因此而减小,而这些点源和非点源排放的污染物通过各入湖排干沟汇入乌梁素海。各排干可分配容量见表 3-35。

表 3-35　不同水平年乌梁素海可分配容量　　　　（单位:t/a）

水平年	容量分配	COD	氨氮	TN	TP
2015	LAS+WLAS	10646.0	569.3	650.1	36.4
	水土流失入湖量	—	—	12.1	6.0
	大气沉降入湖量	—	—	38	20
	各排干可分配容量	10646.0	569.3	600	10.4
2020	LAS+WLAS	13307.5	759.1	866.7	40.9
	水土流失入湖量	—	—	10.3	5.1
	大气沉降入湖量	—	—	36	18
	各排干可分配容量	13307.5	759.1	820.4	17.8

3.4.2　各排干沟纳污能力计算

污染物进入各级排干沟后,在一定范围内经过平流输移、纵向离散和横向混合后达到充分混合,或者根据水质管理的精度要求允许不考虑混合过程而假定在排污口断面瞬时完成均匀混合,可按一维问题概化计算条件,建立水质模型。假设各排干以及总排干在接纳污染物时,可以迅速混合,采样一维对流推移自净平衡方程计算纳污能力。计算公式为

$$\bar{u}\frac{\partial C}{\partial x}=-K_p C \tag{3.25}$$

式(3.25)的解为

$$C(x)=C_0\exp\left(-K_p\frac{x}{u}\right) \tag{3.26}$$

式中,$C(x)$ 为各控制断面污染物浓度,mg/L;C_0 为起始断面污染物浓度,mg/L;K_p 为污染物综合自净系数,1/s;u 为河段的设计流速,m/s;x 为计算单元的长度,m。

根据《内蒙古自治区巴彦淖尔市水资源综合规划报告》,本次计算中的综合自净系数取值如下:COD 取 0.25、氨氮取 0.3、TN 取 0.2、TP 取 0.15。

此次纳污能力计算的断面流速计算方法:统计 1988～2008 年总排干的流量数据(见图 3-21),其中乌梁素海流域内各排干沟分布如图 3-22 所示,选取 90% 保证率下水平年流量作为此次纳污能力计算的断面流量,即选取 2005 年各断面流量作为计算纳污能力的水文条件。2005 年流域内排干沟水量统计见表 3-36。

表 3-36　2005 年流域内排干沟水量统计表

（单位：万 m³）

沟道项目	月份	1月	2月	3月	4月	5月	6月	7月	8月	9月	10月	11月	12月	合计
一排干	排水量	0	0	0	117.7	345.2	349	143.2	213.9	197.6	386.1	356.9	48.4	2158
二排干	排水量	0	0	0	69.2	377.5	329.4	133.1	174	193.3	484.1	723.3	35.8	2519.7
三排干	排水量	0	0	0	0	779.8	457.8	343.5	294.7	247.7	694.7	664.3	13.3	3495.8
四排干	排水量	0	0	0	0	294	260.7	236.4	106.6	76.3	322.4	402.6	0	1699
五排干	排水量	0	0	0	0	122	30.1	81.6	0	195.7	199.3	199.3	0	828
六排干	排水量	0	0	2.5	0	135.2	64.5	28.8	0	0	5.4	0	0	233.9
七排干	排水量	0	73.7	0	0	173.7	112.3	155.4	92.8	68.6	69.6	0	0	748.6
八排干	排水量	0	0	0	0	706.6	240.6	214.1	30.8	80.2	910.3	1013.8	52.5	3248.9
九排干	排水量	0	0	0	0	347.6	106.6	122.1	0	19.3	425.7	663.6	69.1	1754
十排干	排水量	0	0	0	0	372.4	0	0	0	59.6	129.6	185.5	1.7	748.8
总排干	排水量	989.5	675.3	771	709.7	4330.4	2938.9	2931.12	2073.6	1244.9	4202.3	5210.0	2075.0	28151.7

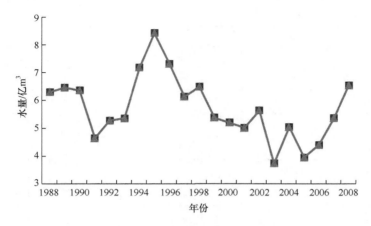

图 3-21   1988～2008 年流域内总排干沟水量

根据一维模型水环境容量的计算公式可以得到乌梁素海流域内各级排沟水体在IV类水质目标约束条件下的最大纳污能力，见表 3-37。各排干沟的容量权重见表 3-38。

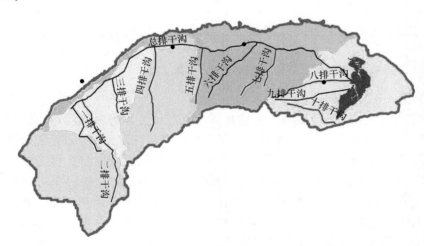

图 3-22   乌梁素海流域内各排干沟分布图

表 3-37   流域内排干沟目标水质下纳污能力统计

项目 内容	全年IV类水质目标下断面纳污能力/(t/a)			
	COD	氨氮	TN	TP
四支断面	1640	85	136	31
银定图断面	4200	210	336	76

项目 内容	全年Ⅳ类水质目标下断面纳污能力/(t/a)			
	COD	氨氮	TN	TP
美林桥断面	7290	365	584	131
红圪卜断面	11240	565	904	203
一排干断面	710	38	61	14
二排干断面	860	45	72	16
三排干断面	1290	65	104	23
四排干断面	816	44	70	16
五排干断面	245	13	21	5
六排干断面	230	12	19	4
七排干断面	630	34	54	12
八排干断面	1140	60	96	22
九排干断面	630	34	54	12
十排干断面	250	15	24	5

3.4.3　容量总量分配及主要污染负荷消减方案

1）容量分配方案

为了使流域内各排干沟的污染物排放量既能满足Ⅳ类水质目标，又能满足乌梁素海湖泊水环境容量，其容量分配方案采用最严的约束条件。即通过表3-37可知，在Ⅳ类水质目标下，进入乌梁素海的 COD、氨氮、TN、TP 可分别控制在13010t/a、659t/a、1054t/a、237t/a；而对比表3-35 给出的各排干可分配容量，在2008～2015 年，在Ⅳ类水质目标下，总排干、八排干和九排干的 COD、氨氮、TN、TP 最大纳污量均超过了乌梁素海水环境容量的要求，因此总排干、八排干和九排干的 COD、氨氮、TP 最大纳污量应该减少，与乌梁素海水环境容量一致。

将不同水域的最大允许排放量作为容量权重（见表3-38），依此权重直接分配到不同排干。这种方法与水环境质量有良好响应，适用于具有流域特性的分配主线。由此，可得到八排干、九排干、总排干的容量分配方案见表3-39，其他排干在不同水平年的容量分配方案见表3-40 和表3-41。此结果既能满足Ⅳ类水质目标的要求，又能满足乌梁素海水环境容量的要求。在满足此容量分配方案时，不同水平年入湖排干污染物负荷及其消减量见表3-42。

表 3-38　各排干沟目标水质下容量权重统计

内容	项目	全年IV类水质目标下断面纳污能力/(t/a)							
		COD		氨氮		TN		TP	
		允许纳污量	容量权重	允许纳污量	容量权重	允许纳污量	容量权重	允许纳污量	容量权重
直接入乌梁素海	红吃卜入乌梁素海	11240	0.864	565	0.857	904	0.858	203	0.857
	八排干断面	1140	0.088	60	0.091	96	0.091	22	0.093
	九排干断面	630	0.048	34	0.052	54	0.051	12	0.050
	总计	13010	1	659	1	1054	1	237	1
总排干分段	美林桥断面至红吃卜入乌梁素海	3950	0.351	200	0.354	320	0.354	72	0.354
	银定图断面至美林桥断面	3090	0.275	155	0.274	248	0.274	55	0.271
	四支段面至银定图断面	2560	0.228	125	0.221	200	0.221	45	0.222
	四支段面以上	1640	0.146	85	0.151	136	0.151	31	0.153
	总计	11240	1	565	1	904	1	203	1
美林桥断面至红吃卜入乌梁素海	七排干水体	630	0.159	34	0.170	54	0.169	12	0.167
	总排干此段水体	3320	0.841	166	0.830	266	0.831	60	0.833
	总计	3950	1	200	1	320	1	72	1
银定图断面至美林桥断面	五排干水体	245	0.079	13	0.084	21	0.085	5	0.091
	六排干水体	230	0.075	12	0.077	19	0.077	4	0.073
	总排干此段水体	2615	0.846	130	0.839	208	0.838	46	0.836
	总计	3090	1	155	1	248	1	55	1

全年Ⅳ类水质目标下断面纳污能力/(t/a)

项目 / 内容		COD 允许纳污量	COD 容量权重	氨氮 允许纳污量	氨氮 容量权重	TN 允许纳污量	TN 容量权重	TP 允许纳污量	TP 容量权重
四支段面至银定图断面	三排干断面	1290	0.504	65	0.520	104	0.520	23	0.511
	四排干水体	816	0.319	44	0.352	70	0.350	16	0.356
	总排干此段水体	454	0.177	16	0.128	26	0.130	6	0.133
	总计	2560	1	125	1	200	1	45	1
韩四桥段面以上	一排干断面	710	0.433	38	0.447	61	0.449	14	0.452
	二排干断面	860	0.524	45	0.529	72	0.529	16	0.516
	总排干此段水体	70	0.043	2	0.024	3	0.022	1	0.032
	总计	1640	1	85	1	136	1	31	1

表 3-39　八排干、九排干、总排干断面容量分配方案　　（单位：t/a）

水平年	入湖排干	COD	氨氮	TN	TP
2008～2015	总排干沟入乌梁素海	9198.1	487.9	514.8	8.9
	八排干断面	936.9	51.8	54.6	1.0
	九排干断面	511.0	29.6	30.6	0.5
	总计	10646.0	569.3	600	10.4
2016～2020	总排干沟入乌梁素海	11240	565	703.9	15.3
	八排干断面	1140	60	74.7	1.7
	九排干断面	630	34	41.8	0.9
	总计	13010.0	659.0	820.4	17.8

表 3-40　2008～2015 年总排干分段容量分配细化方案　　（单位：t/a）

总排干沟入乌梁素海		COD	氨氮	TN	TP
总排干分段	总计	9198.1	487.9	514.8	8.9
	美林桥断面至红圪卜入乌梁素海	3228.5	172.7	182.2	3.2
	银定图断面至美林桥断面	2529.5	133.7	141.1	2.3
	四支段面至银定图断面	2097.2	107.8	113.8	2.0
	四支段面以上	1342.9	73.7	77.7	1.4
美林桥断面至红圪卜入乌梁素海	总计	3228.5	172.7	182.2	3.2
	七排干水体	513.3	29.4	30.8	0.5
	总排干此段水体	2527.9	133.0	140.7	2.5
银定图断面至美林桥断面	总计	2529.5	133.7	141.1	2.3
	五排干水体	199.8	11.2	12.0	0.2
	六排干水体	189.7	10.3	10.9	0.2
	总排干此段水体	2140.0	112.2	118.2	1.9
四支段面至银定图断面	总计	2097.2	107.8	113.8	2.0
	三排干断面	1057.0	56.1	59.2	1.0
	四排干断面	669.0	37.9	39.8	0.7
	总排干此段水体	371.2	13.8	14.8	0.3

续表

总排干沟入乌梁素海		COD	氨氮	TN	TP
四支段 面以上	总计	1342.9	73.7	77.7	1.4
	一排干断面	581.5	32.9	34.9	0.6
	二排干断面	703.7	39.0	41.1	0.7
	总排干此段水体	57.7	1.8	1.7	0.1
十排干(不进入乌梁素海, 按全年Ⅳ类水质约束)		250	15	24	5

表 3-41　2016～2020 年总排干分段容量分配细化方案 （单位：t/a）

总排干沟入乌梁素海/(t/a)		COD	氨氮	TN	TP
总排干 分段	总计	11240	565	703.9	15.3
	美林桥断面至红圪卜 入乌梁素海	3950	200	249.2	5.4
	银定图断面至 美林桥断面	3090	155	192.9	4.1
	四支段面至银 定图断面	2560	125	155.6	3.4
	四支段面以上	1640	85	106.3	2.3
美林桥断面 至红圪卜入 乌梁素海	总计	3950	200	249.2	5.4
	七排干水体	628.0	34.0	42.1	0.9
	总排干此段水体	3322.0	166.0	207.1	4.5
银定图断面 至美林桥 断面	总计	3090	155	192.9	4.1
	五排干水体	244.1	13.0	16.4	0.4
	六排干水体	231.8	11.9	14.9	0.3
	总排干此段水体	2614.1	130.0	161.7	3.4
四支段面至 银定图断面	总计	2560	125	155.6	3.4
	三排干断面	1290.2	65.0	80.9	1.7
	四排干断面	816.6	44.0	54.5	1.2
	总排干此段水体	453.1	16.0	20.2	0.5

续表

总排干沟入乌梁素海/(t/a)		COD	氨氮	TN	TP
四支段面以上	总计	1640	85	106.3	2.3
	一排干断面	710.1	38.0	47.7	1.0
	二排干断面	859.4	45.0	56.2	1.2
	总排干此段水体	70.5	2.0	2.3	0.1
十排干(不进入乌梁素海,按全年Ⅳ类水质约束)		250	15	24	5

表 3-42　不同水平年入湖排干污染物总量及消减量　　（单位：t/a）

污染物	项目	2008 年	2015 年	2020 年
COD	入湖排干负荷量	33337.4	18283.3	19912.7
	各排干可分配容量	10646.0	10646.0	13010.0
	入湖排干目标削减量	22691.4	7637.3	6902.7
	消减率/%	68.1	41.8	34.7
氨氮	入湖排干负荷量	2413.9	1067.1	877.5
	各排干可分配容量	569.3	569.3	659.0
	入湖排干目标削减量	1844.6	497.8	218.5
	消减率/%	76.4	46.7	24.9
TN	入湖排干负荷量	2752.6	2110.6	2226.2
	各排干可分配容量	600.0	600.0	820.4
	入湖排干目标削减量	2152.6	1510.6	1405.8
	消减率/%	78.2	71.6	63.1
TP	入湖排干负荷量	230.4	238.4	279.5
	各排干可分配容量	10.4	10.4	17.8
	入湖排干目标削减量	220.0	228.0	261.7
	消减率/%	95.5	95.6	93.6

2）现状年污染物控制排放量和现状消减方案

对于现状污染物排放量大于控制断面的纳污能力（即现状水质不能满足目标）的控制断面,污染物控制排放量等于控制断面的纳污能力,污染物现状消减量等于现状污染物排放量与污染物控制排放量之差。对于现状污染物排放量小于或等于控制断面纳污能力（即现状水质能满足目标）的控制断面,污染物控制排放量等于现状污染物排放量,不计算污染物现状消减量。

乌梁素海流域现状年 COD、氨氮、TN 和 TP 的控制排放量和现状消减量情况见表 3-43。

表3-43　现状年各排干污染负荷及削减量

（单位：t/a）

排干沟及相应行政区		COD			氨氮			TN			TP		
		排放负荷	削减量	削减率/%	排放负荷	削减量	削减率/%	排放负荷	削减量	削减率/%	排放负荷	削减量	削减率/%
红圪卜入湖断面		27825.2	18627.1	66.9	2115.1	1627.2	76.9	2387.6	1872.8	78.4	222.2	213.3	96.0
一排干	磴口县	195.2	(95.5)	0	7.1	(9.4)	0	22.5	5.1	22.5	2.4	2.1	86.8
	杭锦后旗	195.2	(95.5)	0	7.1	(9.4)	0	22.5	5.1	22.5	2.4	2.1	86.8
	总计	390.4	(191.0)	0	14.2	(18.7)	0	45.0	10.1	22.5	4.8	4.2	86.8
二排干	磴口县	220.1	(131.8)	0	5.8	(13.7)	0	21.0	0.5	2.1	3.6	3.3	90.0
	杭锦后旗	220.1	(131.8)	0	5.8	(13.7)	0	21.0	0.5	2.1	3.6	3.3	90.0
	总计	440.2	(263.6)	0	11.6	(27.4)	0	42.0	0.9	2.1	7.2	6.5	90.0
三排干	杭锦后	1786.4	1469.3	82.2	623.7	606.8	97.3	695.1	677.3	97.4	14.4	14.1	97.9
	临河区	4168.3	3428.4	82.2	1455.2	1416.0	97.3	1621.9	1580.5	97.4	33.5	32.8	97.9
	总计	5954.7	4897.7	82.2	2078.9	2022.8	97.3	2317.0	2257.8	97.4	47.9	46.9	97.9
四排干	临河区	514.4	(154.6)	0	4.4	(33.5)	0	52.5	12.7	24.1	12.1	11.4	94.1
五排干	临河区	574.9	435.1	75.7	53.1	45.3	85.2	82.9	74.5	89.9	7.1	7.0	97.9
	五原县	246.4	186.5	75.7	22.8	19.4	85.2	35.5	31.9	89.9	3.1	3.0	97.9
	总计	821.3	621.5	75.7	75.9	64.7	85.2	118.4	106.4	89.9	10.2	10.0	97.9

续表

排干沟及相应行政区		COD			氨氮			TN			TP		
		排放负荷	削减量	削减率/%	排放负荷	削减量	削减率/%	排放负荷	削减量	削减率/%	排放负荷	削减量	削减率/%
六排干	五原县	267.0	77.3	29.0	2.7	(7.6)	0	18.6	7.7	41.6	2.4	2.2	93.0
七排干	五原县	11533.3	11020.0	95.5	796.6	767.2	96.3	1012.6	981.8	97.0	23.9	23.4	97.9
八排干	乌前	4048.25	3111.4	76.9	269.7	217.9	80.8	329.3	274.7	83.4	6.37	5.4	84.3
九排干	乌前	1431.97	921.0	64.3	29.1	(0.5)	0	35.7	5.1	14.4	1.88	1.4	73.4
十排干	乌前	1239.8	989.8	79.8	4.3	(10.7)	0	4.6	(19.4)	0	12.9	7.9	61.2

注:①"()"中的值代表水体富余容量,不需要削减。②根据污染普查结果,结合现场调查,取磴口县和杭锦后旗向一排干排入的污染物负荷比为 1∶1;杭锦后旗和临河区向二排干排入的污染物负荷比为 1∶1,杭锦后旗和临河区向三排干排入的污染物负荷比为 3∶7;临河区和五原县向五排干排入的污染物负荷比为 7∶3。

3）不同水平年污染物分期控制排放量和分期消减方案

由于巴彦淖尔市水资源比较紧缺，为了更有效地利用本市的水资源，严控制水平年污染物的排放量，采用 7∶3 比例计算 2015 年、2020 年流域的分期控制量和分期削减量。在考虑不同水平年与现状年纳污能力差别的前提下，各水平年污染物控制排放量计算方法为

$$2015 年控制排放量 = 现状排放量 - 0.7 × 现状削减量$$
$$- 2015 年与 2008 年纳污能力之差$$
$$2020 年控制排放量 = 现状排放量 - 1.0 × 现状削减量$$
$$- 2020 年与 2008 年纳污能力之差$$

流域不同水平年 COD、氨氮、TN、TP 的分期控制排放量和分期削减量计算结果见表 3-44 和表 3-45。

4）不同水平年各行政区污染物分期控制量和削减量

根据流域不同水平年 COD、氨氮、TN、TP 的分期控制排放量和分期削减量，得到不同水平年各行政区污染物分期控制量和削减量见表 3-46。

3.5　小　　结

为了实现乌梁素海流域从环境与经济对立向环境优化经济发展转变，需协调乌梁素海流域经济发展与环境发展之间的关系，使经济社会发展与水环境承载力相适应；通过科学计算乌梁素海水环境容量，推算流域水环境承载力，以乌梁素海水环境容量为基础，以经济社会和环境可持续发展为目标，结合乌梁素海经济社会发展特征、生态环境特征、环境功能和保护目标，以主要污染物入湖总量控制为核心，通过科学计算和优化，制定适合乌梁素海流域特点的总量控制对策，在此基础上开展区域控源减排方案规划与流域产业结构调整。

表 3-44 2015 年各排干污染物控制排放量和削减量

（单位：t/a）

排干沟及相应行政区		COD		氨氮		TN		TP	
		消减量	控制排放量	消减量	控制排放量	消减量	控制排放量	消减量	控制排放量
红圪卜入湖断面		13039.0	14786.2	1139.0	976.1	1311.0	1076.6	149.3	72.9
一排干	磴口县	0	195.2	0	7.1	3.6	18.9	1.5	0.9
	杭锦后旗	0	195.2	0	7.1	3.6	18.9	1.5	0.9
	总计	0	390.4	0	14.2	7.1	37.9	2.9	1.9
二排干	磴口县	0	220.1	0	5.8	0.4	20.7	2.3	1.3
	杭锦后旗	0	220.1	0	5.8	0.4	20.7	2.3	1.3
	总计	0	440.2	0	11.6	0.6	41.4	4.6	2.7
三排干	杭锦后旗	1028.5	757.9	424.8	198.9	474.1	221.0	9.9	4.5
	临河区	2399.9	1768.4	991.2	464.0	1106.4	515.6	23.0	10.5
	总计	3428.4	2526.3	1416.0	662.9	1580.5	736.5	32.8	15.1
四排干	临河区	0	514.4	0.0	4.4	8.9	43.6	8.0	4.1
五排干	临河区	304.6	270.3	31.7	21.4	52.2	30.8	4.9	2.2
	五原县	130.6	115.9	13.6	9.2	22.3	13.2	2.1	1.0
	总计	435.1	386.3	45.3	30.6	74.5	43.9	7.0	3.2
六排干	五原县	54.1	212.9	0	2.7	5.4	13.2	1.5	0.9
七排干	五原县	7714.0	3819.3	537.0	259.6	687.3	325.3	16.4	7.5
八排干	乌前	2178.0	1870.3	152.5	117.2	192.3	137.0	3.8	2.6
九排干	乌前	644.7	787.3	0	29.1	3.6	32.1	1.0	0.9
十排干	乌前	692.9	546.9	0	4.3	0	4.6	5.5	7.4

表 3-45　2020 年各排干污染物控制排放量和削减量

（单位：t/a）

排干沟及相应行政区		COD 消减量	COD 控制排放量	氨氮 消减量	氨氮 控制排放量	TN 消减量	TN 控制排放量	TP 消减量	TP 控制排放量
红圪卜入湖断面		18627.1	11240	1627.2	565	1872.8	703.9	213.3	15.3
一排干	磴口县	0	486.0	0	23.6	5.1	34.8	2.1	0.5
	杭锦后旗	0	486.0	0	23.6	5.1	34.8	2.1	0.5
	总计	0	971.9	0	47.1	10.1	69.8	4.2	1.0
二排干	磴口县	0	572.0	0	25.3	0.5	41.1	3.3	0.5
	杭锦后旗	0	572.0	0	25.3	0.5	41.1	3.3	0.5
	总计	0	1143.9	0	50.6	0.9	82.2	6.5	1.2
三排干	杭锦后旗	1469.3	634.2	606.8	33.7	677.3	35.6	14.1	0.5
	临河区	3428.4	1479.8	1416	78.4	1580.5	82.8	32.8	1.2
	总计	4897.7	2114.0	2022.8	112.2	2257.8	118.4	46.9	1.7
四排干	临河区	0	1183.4	0	42.3	12.7	79.6	11.4	1.2
五排干	临河区	435.1	279.7	45.3	15.7	74.5	16.8	7	0.2
	五原县	186.5	119.8	19.4	6.8	31.9	7.2	3	0.2
	总计	621.5	399.6	64.7	22.4	106.4	24.0	10	0.4
六排干	五原县	77.3	379.4	0	13.0	7.7	21.8	2.2	0.3
七排干	五原县	11020	1026.6	767.2	58.8	981.8	61.6	23.4	0.9
八排干	乌前	3111.4	1873.8	217.9	103.6	274.7	109.2	5.4	1.7
九排干	乌前	921	1022.0	0	58.7	5.1	61.2	1.4	0.9
十排干	乌前	989.8	486.0	0	23.6	0	34.8	7.9	0.5

表 3-46 不同水平年各行政区污染物分期控制量和削减量

(单位:t/a)

行政区	COD				氨氮				TN				TP			
	2015年		2020年		2015年		2020年		2015年		2020年		2015年		2020年	
	控制排放量	削减量	控制排放量	削减量	控制排放量	削减量	控制排放量	削减量	控制排放量	削减量	控制排放量	削减量	控制排放量	削减量	控制排放量	削减量
临河区	2553.1	2704.5	2942.9	1159	489.8	1022.9	136.4	438.4	590	1167.5	179.2	500.2	16.8	35.9	2.6	15.3
五原县	4148.1	7898.7	1525.8	3385.1	271.5	550.6	78.6	236	351.7	715	90.6	306.4	9.4	20	1.4	8.6
磴口县	415.3	0	1058	0	12.9	0	48.9	0	39.6	4	75.9	1.6	2.2	3.8	1	1.6
乌前	3204.5	3515.6	3381.8	1506.6	150.6	152.5	185.9	65.4	173.7	195.9	205.2	83.9	10.9	10.3	3.1	4.4
乌中	3404.0	675.3	2968.05	289.8	178.7	0	148	0	188.6	134.9	184.4	57.9	3.2	6.7	3.95	2.8
乌后	243.3	923.2	261.8	396.2	78.7	40.5	49	17.4	39.1	110.7	35.4	47.5	2.3	5.7	0.3	2.4
杭锦后旗	1173.2	1028.5	1692.2	440.8	211.8	424.8	82.6	182	260.6	478.1	111.5	204.8	6.7	13.7	1.5	5.8
合计	15141.5	16745.8	13830.6	7177.5	1394	2191.3	729.4	939.2	1643.3	2806.1	882.2	1202.3	51.4	96.1	13.9	40.9

注:2015年污染物的削减量是在现状年的基础上削减的量;2020年污染物的削减量是指在2015年的基础上再削减的量。

第 4 章　乌梁素海生态需水研究

4.1　湖泊生态需水内涵及相关概念

4.1.1　内涵

  国外对生态需水的研究主要集中在河流方面,对湖泊生态需水的研究很少,其生态需水量主要依据所保护的敏感指示物种对水环境指标的要求[60,61],在计算时,更加注意水位涨落的限制,但没有形成湖泊生态需水的指标体系和计算方法。

  国内对湖泊最小生态需水的研究尚处于起步阶段,但已经有一些学者对此进行了一些研究。刘燕华[62]对西北地区湖泊生态环境需水量进行了宏观定量研究,根据区域的气候,按照湖泊水面蒸发量的百分比划分了高、中、低三个等级,估算了湖泊生态需水量。崔保山[63]基于生态水文学原理对湖泊最小生态需水量进行探讨,提出了湖泊最小生态需水的 3 种计算方法:曲线相关法、功能法和最小生态水位法。徐志侠等[60]根据水文循环原理提出了吞吐型湖泊最小生态需水量的计算模型。刘静玲等[64]对水量平衡法、换水周期法、最小水位法、周期法等湖泊生态环境需水量的计算方法进行了研究。

  生态环境需水量的研究是一个新兴的、正在不断深入而迅速发展的领域,它是水文学、生态学、环境学、气候学、土壤学等多学科交叉领域的研究方向。有关生态环境需水量方面的定义至今还没有统一,在实际应用时,考虑研究区域的具体状况,不同学者根据自己的理解,从不同的角度进行了界定,并赋予了不同的含义。从自然水循环角度出发,生态需水的内涵可从以下两方面进行论述:①从全球生态系统水分平衡角度出发定义的生态需水,认为维持全球生物地理生态系统水分平衡所需要的水即所谓广义的生态需水主要靠天然降水等满足,属于大尺度的范围,如"从广义上讲,维持全球生物地理生态系统水分平衡所需要的水,包括水热平衡、生物平衡、水沙平衡、水盐平衡等所需要的水都是生态环境用水"[65];②从生态系统本身的结构与功能以及维持生态系统健康与稳定角度定义的生态需水,如"提供一定质量与数量的给天然生境,以求最大限度地改变天然系统的过程,并保护物种多样性和生态整合性"[66],"生态需水是维持生态系统健康发展所需的水量"[67],"水资源不仅要满足人类的需求,而且生态系统对水资源的需求也必须得到保证"[68]等。

综上所述,可将生态需水量理解为:在一定的生态环境目标要求下,不同时空条件下,流域或区域的生态系统维持其健康良性可持续发展所需要的一定水质条件下的水资源量阈值。在实际工作中,往往确定的是最小流量或者水量。湖泊最小生态环境需水量是为了在合理开发和高效利用湖泊淡水资源的同时,维持湖泊生态系统不再继续恶化所必需的最小水量。此概念是基于环境科学角度提出的,适用于受损严重的湖泊生态系统恢复与重建。现阶段国内关于自然生态系统生态环境需水量的研究和探讨多基于此。

4.1.2　相关概念

自然界水循环的存在,使得水资源不断获得更新,成为可再生的资源[69]。降水以及地下水构成河流生态系统最主要的水分来源。蒸发、渗漏则是河流生态系统最主要的水分消耗,它主要取决于湖泊所在的地理位置、气候条件、地质特性等。对于任何一个湖泊生态系统,在人类活动以及水资源开发利用的影响下,随着气候波动、季节性变化,水有以下几种存在形式。

1) 生态需水

在湖泊生态系统所处的特定时空范围内,为维持一定的保护目标,生态系统维持其结构、功能而需要的水,包括降水、天然储存的水(如地下水)以及天然获取的水等部分。生态系统在长期自然选择中形成了相当的自我调节能力,对水的需求有一定的弹性,因此,生态系统需水有一定的阈值区间,不同的保护目标有不同的需水等级。生态需水包括两部分:一部分是非消耗性的,它构成生态系统得以维持健康的环境条件;另一部分是消耗性的,它参与了生态系统的生理过程以及水循环过程[70]。

2) 生态用水

生态用水[71]是实际存在于湖泊生态系统中的水量,即所谓在现状生态目标下湖泊生态系统实际存在的水量。生态用水的多少主要受人为因素的影响,常常取决于水资源开发利用率、水资源消耗水平等。

3) 生态缺水

生态缺水是指特定状态下生态系统的生态需水与生态用水之差。生态缺水是社会经济用水挤占生态系统蓄水的部分指特定状态下生态系统满足一定生态目标,系统缺乏的、需要在水资源配置中加以考虑和补充的水量。例如,"维持生态和环境不再恶化并逐渐改善所需要消耗的水资源总量"[65],"水资源的规划和管理需要更多的考虑环境需求[72]","在水资源总量中专门划分出一部分作为生态环境用水,使绿洲内部及其周围的生态环境不再恶化"[73]等。

4) 生态耗水

生态耗水是生态系统为维持自身的生态平衡,在水循环过程中需要消耗的水量,表现为两种形式:一种是通过蒸散发进入大气中;另一种是通过渗漏进入地下。生态耗水与消耗性生态需水之间有重合和交叉的部分。

5)生态盈余水

在满足湖泊生态保护目标所需要水量的前提下,还有部分盈余水量,这部分水量称为生态盈余水或者生态弃水。

以上几个概念存在以下关系。

(1)当生态需水等于生态用水时,湖泊系统内的水分保持平衡,生态系统处于良好状态。

(2)当生态需水大于生态用水时,出现生态缺水,湖泊生态系统难以维持正常的功能,需要人为给生态系统补水,也即狭义的生态需水。其中本书研究的就是生态系统补水部分。两者的差值越大,生态缺水越多,生态系统受损越大。生态缺水不能超出一定限度,否则,生态系统失去抗干扰能力,难以恢复。

(3)生态需水小于生态用水时,系统有部分水可以下泄到另一个系统,即生态盈余水。

一般情况下,生态用水量不大于生态需水量,从而导致湖泊系统的水分不能满足对水量的需求,由此引发一系列生态与环境问题。

4.2　湖泊生态需水量估算方法

依据湖泊的生态、环境和社会等综合特性,湖泊生态系统可以有不同的分类方法。据人为活动对湖泊的干扰程度不同,湖泊可以分为自然湖泊和人工湖泊。人工湖泊又包括水库和城市人工湖。水库作为人类储存淡水的场所,现在已经成为兼具多种生态环境功能的复合生态系统。由于不同类型的湖泊生态环境、社会和经济特性的差异较大,湖泊最小生态需水量的计算方法也有所不同。

4.2.1　水量平衡法

根据湖泊水量平衡原理,湖泊的蓄水量由于入流和出流水量不尽相同而不断变化,在没有或较少人为干扰的状态下,湖泊水量的变化处于动态平衡。计算公式如下[74]:

$$dV/dt = (R+P+G_i)-(D+E+G_a) \qquad (4.1)$$

式中,P 为降水;R 为地表径流的入湖水量;G_i 为地下径流的入湖水量;D 为地表径流的出湖水量;E 为湖泊水面的蒸散量;G_a 为地下径流的出湖水量。

为保持湖泊的水量平衡,可算出出湖水量,并估算湖泊生态系统维持正常的结构与功能所必需的需水量。而湖泊最小生态环境需水量应当保证补充湖泊的蒸散量、地下径流的出湖水量。

若为闭流湖,式(4.1)可以简化为

$$dV/dt = (P + G_i) - (E + G_a) \qquad (4.2)$$

湖泊最小生态环境需水量可以根据湖泊水量消耗的实际情况进行估算。例如,西北地区闭流湖水量的消耗主要是湖泊水面的蒸散,湖泊最小生态环境需水量应保证补充湖泊水面蒸散的耗水量。原则上,闭流湖不可大量取水用于生活、工业和农业,如果没有回补的水量和严格的管理,湖泊会迅速萎缩和干枯。在华北地区,由于地下水超采严重,必须充分考虑地下径流的出湖水量。但是,在人为干扰和人为取水量巨大时,新的水量平衡公式为[75]

$$V_X + V_B + V_S = V_Z + V_B' + V_S' + V_q \pm \Delta V \qquad (4.3)$$

式中,V_X 为计算时段内的湖面降水量;V_B 为计算时段内入湖地表径流量;V_S 为计算时段内入湖地下径流量;V_Z 为计算时段内湖面蒸发量;V_q 为计算时段内工、农业及生活用水量。

根据此式,可以根据一段时间内湖泊输出水量与饮用水、工业和农业的用水量,估算可以用于维系湖泊自身生态相同结构与功能的水量。但是,如果研究区为水资源短缺、人口密集的地区,水资源需求明显大于供给,此时的 ΔV 经常是负值。显然,根据式(4.3)很难对湖泊最小生态环境需水量进行研究和估算。

4.2.2 换水周期法

换水周期法指全部湖水交换更新一次所需的时间,是判断某一湖泊水资源能否持续利用和保持良好水质条件额度的一项重要指标,其计算公式如下[76]:

$$T = \frac{W}{Q_o} \qquad (4.4)$$

式中,T 为换水周期,d;W 为多年平均蓄水量,$\times 10^8 \, \text{m}^3$;$Q_o$ 为多年平均出湖流量,m^3/s。

根据式(4.4)可计算出湖泊的换水周期,例如,白洋淀为 6371d,南四湖为 216d,洪泽湖仅为 34d[76]。湖泊生态环境需水量计算公式如下:

$$W_e = W_k T \qquad (4.5)$$

式中,W_e 为湖泊生态需水量,$\times 10^8 \, \text{m}^3$;$W_k$ 为枯水期出湖水量,$\times 10^8 \, \text{m}^3$。

湖泊最小生态环境需水量可以根据枯水期的出湖水量和湖泊换水周期来确定,这对于湖泊生态系统特别是人工湖泊的科学管理是非常重要的,合理地控制出湖水量和出湖流速将有利于湖泊生态系统及其下游生态系统的健康和恢复。

4.2.3 最小水位法

不同流域水位和水深与湖泊生态系统的面积与容积具有明显的相关性,湖泊生态系统各组成部分生长繁殖所必需的水位和水深不同,实现不同湖泊系统的生态环境功能所必需的水位和水深也不同。最小水位法是指综合维持湖泊生态系统各种成分和满足湖泊主要生态环境功能的最小水位最大值与水面面积的积,来确定湖泊生态需水量[77]。

$$W_{\min} = H_{\min} S \qquad (4.6)$$

式中,$W_{\min}$为湖泊最小生态环境需水量,$\times 10^8 \, \mathrm{m}^3$;$H_{\min}$为维持湖泊生态系统各种成分和满足湖泊主要生态环境功能的最小水位最大值,m;S为对应$H_{\min}$的水面面积,m^2。

4.2.4　功能法

功能法根据生态系统生态学的基本理论和湖泊生态系统的特点,从维持和保证湖泊生态系统正常的生态环境功能的角度,对湖泊最小生态环境需水量进行估算的计算方法。

1) 湖泊生态环境需水量的类型

当湖泊生态系统健康程度处在良好状态下,湖泊生态系统具有较强的生态功能(如,能量平衡、食物网链、多样性、物质循环和自我调节)的同时,发挥着较强的环境功能(调蓄洪水、提供水源、能源生产、环境净化、调节小气候、水产等资源生产、航运、景观和娱乐)。根据湖泊生态系统生态环境功能,湖泊生态环境需水量类型包括:湖泊蒸散需水量、湖泊渗漏需水量、水生生物栖息地需水量、环境稀释需水量、湖泊防盐化需水量、能源生产需水量、航运需水量、景观保护与建设需水量。

其中湖泊蒸散需水量[78]是湖泊水生高等植物蒸散需水量与水面蒸发需水量之和;湖泊渗漏需水量是研究区的渗漏系数与湖泊面积之积;水生生物栖息地需水量是根据生产者、消费者和分解者的优势种生态习性和种群数量,确定水生生物生长、发育和繁殖的需水量;环境稀释需水量[79]与湖泊水质、湖泊蓄水量、出湖流量和污染物排入量有关;湖泊防盐化需水量是根据湖泊盐化程度确定盐化指标和数量范围,湖泊盐化的面积与水深的乘积即为湖泊防盐化需水量;能源生产需水量是根据湖泊发电量和能源生产的规模来确定的;航运需水量是根据湖泊航运的线路、时间长短和航运量,确定相关定量指标来计算的;景观保护与建设需水量是根据研究区生态环境特点,确定植被类型、缓冲带面积和景观保护与目标等相关指标来计算的。

2) 计算原则

功能法的计算原则主要包括以下几个方面。

(1) 生态优先原则:生态环境需水量计算是以保证湖泊生态环境功能为前提,以实现湖泊生态系统可持续发展为最终目的,为恢复和重建其生物多样性和生态完整性提供理论依据。

（2）兼容性原则：由于水资源的特殊性，上述各项需水量中部分类型具有兼容性，在计算时应认真区分，以免重复计算。

（3）最大值原则：对于各项具有兼容性的需水量的计算，比较相互兼容的各项，以最大值为最终的需水量。

（4）等级制原则：根据研究对象及其时空特点在计算时划分为若干个等级。例如，最小生态环境需水量、较小生态环境需水量、中等生态环境需水量、适宜生态环境需水量、优等生态环境需水量和最大生态环境需水量。不同的等级和生态环境功能、生态系统的恢复以及环境管理目标密切相关，有利于科学管理和水资源配置。

3）计算步骤

计算分为以下三个步骤。

（1）根据湖泊生态系统健康评价确定研究区和目标，在分析其生态环境特点、现状和发展趋势的基础上，对生态系统健康进行评价。

（2）分析研究对象的水环境受损程度及其主导因子，根据分析结果，确定其主要生态环境功能。

（3）根据主要生态环境功能确定需要计算的生态环境需水量类型及其相关指标。

4.2.5　不同计算方法比较

（1）湖泊水量平衡法和换水周期法因为遵循自然湖泊水量动态平衡的基本原理和出入湖水量交换的基本规律，适用于人为干扰较小的闭流湖或水量充沛的吞吐湖的保护与管理。同时，也适合在人工控制下的城市人工湖泊。这两种方法可以利用水文数据，建立动态的生态需水量模型。

（2）对于干旱、缺水区域或人为干扰严重的湖泊，湖泊入湖流量很少，出湖流量极少或为零，或者湖泊存在季节性缺水和水质性缺水，如果大量取用，湖泊生态系统难以维持。也就是说，不能保持自然状态下的湖泊水量平衡和换水的周期。比较适合利用最小水位法来计算湖泊最小生态环境需水量，首先保证维持湖泊生态系统或湖泊生物栖息地所需要的最小水量，以遏制和减缓湖泊生态系统急剧恶化的趋势。建立动态模型需要系列与水位相关生物学和生态学数据的技术支持。

（3）功能法以生态系统生态学为理论基础，从湖泊生态环境功能维持和恢复的角度，以保护和重建湖泊生态系统的生物多样性和生态完整性为目的，遵循生态优先、兼容性、最大值和等级制原则，能够系统全面地计算湖泊生态需水量。

4.3　乌梁素海生态环境保护目标

4.3.1　主要保护目标

乌梁素海富营养化日益严重、水生植物过量生长,沼泽化趋势加剧、水源减少,水位下降迅速、面源污染情况严重,治理难度大以及水体污染严重,是乌梁素海面临的最主要问题。同时,来水要满足湖泊的蒸发和渗漏量,因为乌梁素海地处西北干旱、半干旱的过渡地带,湖内芦苇的蒸腾和湖水大量蒸发损失掉一定水量,加之黄河来水减少以及由此造成的水资源承载力、环境承载力的严重超载,乌梁素海的水生态环境恢复只能分阶段、分步骤实现。在短期内如果要满足河流的所有功能显得不切实际,也不可能实现比较高的保护目标,因此,近期保护目标首先应该是湖泊的最基本的环境功能,结合当前流域最关键的水环境污染问题,确定乌梁素海的保护目标——逐步缓解水环境恶化的局面,使水质有所改善,满足湖泊的功能。

4.3.2　生态保护步骤

生态保护目标按照整体规划、分步实施、滚动推进的原则制定,保护步骤分为近期目标、中期目标和远期目标。

总体目标:通过 25 年左右的修复治理,使乌梁素海维持和谐的生态系统,形成集平原水库、生态屏障、渔业资源、风景旅游、灌排降解功能为核心,生态环境质量一流、湖泊景观环境优美、资源开发利用合理的草原绿色湖泊。

近期目标:通过 3～5 年的修复治理,使乌梁素海生态系统退化趋势得到遏制,湖泊内水体污染基本得到控制,生物多样性下降趋势减缓,水土流失减少,湖体萎缩变缓,湖周居民生活环境质量有所改善,湖泊资源优势初步得以利用,湖水达到 Ⅴ 类或Ⅳ类水质标准。

中期目标:利用 10 年时间,使乌梁素海生态系统趋于良性循环,湖泊水体污染得到有效控制,水环境保持自净能力,生物多样性恢复至 1978 年以前水平,水土流失得到控制,湖体趋于平衡,湖区与周边生态系统保持与巴彦淖尔市经济、社会的协调发展,湖水达到水功能区划的Ⅳ类水质标准。

远期目标:利用 10 年时间,使乌梁素海生态系统更加和谐健康,水体污染得到全面控制,水环境质量优良,湖体面积略有增加,生态系统实现良性循环,湖泊功能优势互补,湖光秀美、景观宜人,湖泊基本恢复原始状态,湖水保持Ⅳ类水质标准。

4.3.3　计算范围和水平年

计算范围:乌梁素海接纳了河套灌区经济社会发展的全部退水,同时,乌梁素海的退水直接影响到入黄河口以下黄河干流的水量和水质,因此,计算的核心区界定为乌梁素海湖区,对河套灌区和黄河干流与本计算密切相关的问题也要给予充分的考虑。

计算水平年:按照与巴彦淖尔市相协调一致的原则,2005 年为现状年,近期水平年为 2015 年,中期水平年为 2020 年。

4.4　乌梁素海的生态需水量估算

根据对几种湖泊生态需水量计算方法的比较,同时结合乌梁素海的特征和现状,本书采用功能法对乌梁素海生态需水量进行计算,其中乌梁素海的生态需水量主要考虑湖泊蒸发量、渗漏量、污染物稀释需水量。

4.4.1　水量及水质资料

1. 水量资料

乌梁素海的水平衡建立在水量输入和输出的基础上,输入的水源有三个:农田及生活工业退水、山洪、降雨;输出的水量有:蒸发渗漏、排入黄河水量等损失。

乌梁素海的主要补给水源是河套灌区大量的农田退水。河套灌区的灌溉期从4 月中旬至 10 月末,在其他月份,通过总排干进入湖泊的水量绝大部分都是工业和城市污水,为了便于分析,在水量平衡分析时,将非灌溉期通过总排干排入乌梁素海的工业和城市污水看作农田退水。2005 年入乌梁素海的农田退水量见表4-1。

表 4-1　2005 年入乌梁素海的农田退水量　　　　　（单位:万 m³）

月份	1 月	2 月	3 月	4 月	5 月	6 月
总排干	1089.5	875.3	871	709.7	4730.4	3038.9
八排干	0	0	0	0	806.6	440.6
九排干	0	0	0	0	447.6	176.6
月份	7 月	8 月	9 月	10 月	11 月	12 月
总排干	3931.1	3073.6	1544.8	5202.3	5510	2675
八排干	314.1	50.8	90.2	910.3	2013.8	82.5
九排干	152.1	0	19.3	625.7	763.6	99.1

乌梁素海处于干旱少雨地区,降雨量较少,2005 年降雨量见表 4-2。由于缺乏2005 年的洪水资料,在水量平衡分析时洪水量取多年平均值 5000 万 m³,假定洪水量与降雨量之间是线性关系,则月洪水量＝5000×(该月降雨量/年降雨量)(万 m³)。

表 4-2　2005 年乌梁素海降雨和洪水　　　　　（单位:万 m³）

月份	1 月	2 月	3 月	4 月	5 月	6 月
降雨量	0	40.82	97.37	0	160.14	62.8
洪水量	0	94.83	226.08	0	371.78	145.70
月份	7 月	8 月	9 月	10 月	11 月	12 月
降雨量	1139.82	276.32	348.54	182.12	0	0
洪水量	2646.39	641.50	809.18	422.96	0	0

乌梁素海是黄河在枯水期的补给库,2005 年乌梁素海排入黄河的水量见表 4-3;湖面蒸发量资料缺乏,采用乌拉特前旗的蒸发数据,进行换算得到乌梁素海的蒸发量:蒸发量＝乌拉特前旗蒸发量×k(mm),其中 k＝乌梁素海多年平均蒸发量/乌拉特前旗 2005 年蒸发量,乌梁素海多年平均蒸发量为 1502mm,因此,k＝0.642。2005 年乌梁素海月蒸发量见表 4-4。

表 4-3　2005 年乌梁素海排入黄河水量　　　　　（单位:万 m³）

月份	1 月	2 月	3 月	4 月	5 月	6 月
退水渠	0	0	0	0	0	0
月份	7 月	8 月	9 月	10 月	11 月	12 月
退水渠	0	0	152.93	1250.82	0	0

表 4-4　2005 年乌梁素海蒸发量　　　　　（单位:万 m³）

月份	1 月	2 月	3 月	4 月	5 月	6 月
蒸发量	515.62	1186.10	2703.96	5298.59	6732.93	6857.34
月份	7 月	8 月	9 月	10 月	11 月	12 月
蒸发量	6827.47	5468.82	3963.14	2313.91	1176.53	609.29

2. 水质资料

污染物浓度排在前 5 位的分别是 TN、氨氮、COD、汞和氯化物,污染负荷比基本在 10％以上,其合计达到 75％,而 TN 虽排名第 1,但其 80％以上的来源是氨氮,且其标准与氨氮相同,控制氨氮就可以达到控制 TN 的目的,而氯化物含量高主要对矿化度有影响,故污染物总量控制主要考虑 COD 和氨氮两种污染参数。现将 COD 和氨氮两种污染在入湖、湖泊中的水质浓度列于表 4-5。

表 4-5　COD 和氨氮在入湖、湖泊中的水质浓度　　（单位：mg/L）

水期	入湖						湖泊中	
	八排干		九排干		总排干		COD	氨氮
	COD	氨氮	COD	氨氮	COD	氨氮		
丰水高温期	118	5.82	54.0	1.94	64.9	6.17	84.4	1.67
枯水低温期	72.9	5.00	60.5	0.82	93.3	6.73	71.8	0.83
枯水农灌期	89.1	9.20	70.2	0.61	47.4	2.04	105	9.54
全年	93.30	6.67	61.56	1.12	68.53	4.98	85.1	3.52

按照水功能区管理要求，退水渠入黄口所处的乌拉特前旗排污控制区上段的巴彦淖尔农业用水区来水水质应为Ⅲ类，故取上游背景断面沙圪堵渡口的 COD 浓度值为 20mg/L，氨氮浓度值为 1.0mg/L。

4.4.2　乌梁素海生态需水量

1. 蒸发渗漏等损失水量

由表 4-3 计算可得，现状年 2005 年乌梁素海排入黄河的水量为 0.14 亿 m³；由表 4-4 计算可得，现状年 2005 年乌梁素海的蒸发渗漏损失水量为 4.36 亿 m³。

2. 污染物稀释量

对于乌梁素海的湖泊，要保证具有较高的生态系统服务功能，就必须使已经受到污染的水体水质能够逐渐改善，达到一定的水质标准，其中一种方法是，输入一定量的干净水体，使污染水体不断得到置换，一定时间后达到水质标准，这样输入水量就成为污染物稀释量。对于乌梁素海来说，生态需水的提供主要有两种途径：排干系统来水和从黄河引水。在水量平衡情况下，可以利用排干系统来水作为生态用水。对于污染物稀释水量时的生态需水量估算，由于来自排干系统的水体的 COD 和氨氮大于乌梁素海水体的相应污染物浓度，如果直接引入灌区排干水，势必造成乌梁素海水体质量的下降，因此，只能直接从黄河引水作为生态用水，并且须保证乌梁素海有一定的排出水，其中，对污染物稀释需水量估算时，乌梁素海水体要到达的标准为：COD 和氨氮的水质目标参照《地表水环境质量标准》[59]（GB 3838—2002）中的湖泊水库Ⅳ类水标准，分别取 30mg/L 和 1.5mg/L；Ⅴ类水标准，分别取 40mg/L 和 2.0mg/L。污染物稀释需水量考虑直接从黄河引水，其求解方法如下。

污染物稀释需水量的估算应考虑水质达标（C_{std}）所需要的时间 r、湖泊的水体总量 Q 和污染物浓度 C_0。直接引黄河水后，黄河水与乌梁素海的污染物混合浓度

为 C_{out}。此时的湖泊水体浓度在 r 年后应该达到 C_{std}，并且可以假设每年能够提供的生态需水数量是一定的，为 Q_{eco}。

假设第一年提供生态用水（W_{eco}），年初和年末湖泊水体的污染物浓度分别为 C_o 和 C_{o1}，根据物质平衡原理，湖泊的污染物减少量为输出量减去输入量，即

$$Q(C_o - C_{o1}) = (Q_{out} + Q_{eco})C_{out} - (Q_{eco}C_{eco} + Q_{in}C_{in}) \tag{4.7}$$

式中，Q 为湖泊的水体总量，亿 m^3；C_{out} 为污染物混合浓度，mg/L；Q_{eco} 为每年从黄河直接引水量，m^3；C_{eco} 为直接引黄河水的背景浓度值，mg/L；C_{in} 为农田退水生活污水等的污染物浓度，mg/L；Q_{in} 为入湖水量，m^3/s，其表达式为

$$Q_{in} = R + F + A \tag{4.8}$$

R 为湖面降雨量，亿 m^3；F 为降雨引起的洪水入湖水量，亿 m^3；A 为来自排干系统的农田退水和生产生活废水量，亿 m^3。

$$Q_{out} = P + D \tag{4.9}$$

P 为从湖泊排入黄河的水量，亿 m^3；D 为湖泊的蒸发渗漏损失量，亿 m^3。

$$C_{out} = \frac{C_{eco}Q_{eco} + Q_{in}C_{in}}{Q_{eco} + Q_{in}} \tag{4.10}$$

$$Q_{out}C_{out} = PC_p + DC_d \tag{4.11}$$

$$Q_{in}C_{in} = RC_r + FC_f + AC_a \tag{4.12}$$

C_p 为从湖泊排入黄河的水体污染物浓度，mg/L；C_d 为湖泊蒸发渗漏水体的污染物浓度，mg/L；C_r、C_f、C_a 分别为湖面降水、入湖洪水和来自排干系统的农田退水和生产生活废水的污染物浓度，mg/L。

将式（4.11）和式（4.12）代入式（4.7）得

$$Q(C_o - C_{o1}) = PC_{o1} + DC_{o1} + Q_{eco}C_{out} - (Q_{eco}C_{eco} + RC_r + FC_f + AC_a) \tag{4.13}$$

从式（4.13）可以得出

$$C_{o1} = \frac{(Q_{eco}C_{eco} + RC_r + FC_f + AC_a - Q_{eco}C_{out} + QC_o)}{Q + P + D} \tag{4.14}$$

此式简化为

$$C_{o1} = K_1 + K_2 C_o \tag{4.15}$$

其中

$$K_1 = \frac{(Q_{eco}C_{eco} + RC_r + FC_f + AC_a - Q_{eco}C_{out})}{Q + P + D} \tag{4.16}$$

$$K_2 = \frac{Q}{Q + P + D} \tag{4.17}$$

同理,第 2 年年末湖泊水体的污染物浓度(C_{o2})为

$$C_{o2} = K_1 + K_2 C_{o1} = K_1 + K_1 K_2 + K_2^2 C_o = K_1(1 + K_2) + K_2^2 C_o \qquad (4.18)$$

因此,得到第 r 年年末湖泊水体的污染物浓度(C_{or})为

$$C_{or} = K_1(1 + K_2 + \cdots + K_2^{(r-1)}) + K_2^r C_o \qquad (4.19)$$

如果在 r 年要使水质达标,则有

$$C_{or} = C_{std} \qquad (4.20)$$

这样,如果能够求解以下方程,就可以得到每年需要提供的生态需水(Q_{eco}):

$$C_{std} = K_1(1 + K_2 + \cdots + K_2^{r-1}) + K_2^r C \qquad (4.21)$$

3. 乌梁素海生态需水量

(1) 乌梁素海排入黄河水量:$P = 0.14$ 亿 m^3。

(2) 乌梁素海蒸发渗漏损失量:$D = 4.36$ 亿 m^3。

(3) 污染物稀释需水量不仅取决于生态保护目标,还取决于要求乌梁素海水质达标所需要的时间长短。时间越短,生态需水量就越大。每年从排干渠进入乌梁素海的水量(事实上为污染物的量)也决定了生态需水量的大小。

将水量水质资料代入上述污染物稀释需水量公式,当从黄河直接引水后,从乌梁素海退入黄河的污染物混合浓度,以及当水质分别达到Ⅳ类和Ⅴ类水标准时,1 年、10 年和 15 年的 COD 和氨氮达标的生态需水量如表 4-6 所示。

表 4-6　1 年、10 年和 15 年的 COD 和氨氮达标的稀释需水量　　　　（单位:亿 m^3）

污染物评价指标	1 年达标		10 年达标		15 年达标	
	Ⅳ	Ⅴ	Ⅳ	Ⅴ	Ⅳ	Ⅴ
COD	4.96	3.82	2.52	1.82	2.33	1.67
氨氮	6.41	4.94	4.09	3.3	3.87	2.95

污染物稀释水量取 COD 和氨氮的较大值即可。由表 4-6 可知,当污染物稀释水量能使氨氮达到水质标准,COD 即能达标。

所以,乌梁素海生态需水量(Q')为

$$Q' = P + D + Q_{eco} \qquad (4.22)$$

需要从黄河补生态水的量($Q_{补}$)为

$$Q_{补} = Q' - Q_{in} \qquad (4.23)$$

表 4-7 列出不同水质目标及不同达标时间乌梁素海所需的生态需水量及需要从黄河的直接引水量 $Q_{补}$。

表 4-7　不同水质标准的生态需水和引水量　　　　　（单位：亿 m³）

	蒸发渗漏量 D	入黄河量 P	污染物稀释量						农业退水等入湖量 A	降雨和洪水量 R+F	引黄水量					
			Ⅳ			Ⅴ					Ⅳ			Ⅴ		
			1年	10年	15年	1年	10年	15年			1年	10年	15年	1年	10年	15年
水量	4.36	0.14	6.41	4.09	3.87	4.94	3.30	2.95	4.02	0.77	6.12	3.80	3.58	4.65	3.01	2.66

由表 4-7 计算可知,在现有的排干渠排水量和排放污染物的情况下,1 年使乌梁素海水质达到Ⅳ类水的标准,需要直接从黄河引水 6.12 亿 m³;10 年使乌梁素海水质达到Ⅳ类水的标准,需要直接从黄河引水 3.80 亿 m³;15 年使乌梁素海水质达到Ⅳ类水的标准,需要直接从黄河引水 3.58 亿 m³。1 年使乌梁素海水质达到Ⅴ类水的标准,需要直接从黄河引水 4.65 亿 m³;10 年使乌梁素海水质达到Ⅴ类水的标准,需要直接从黄河引水 3.01 亿 m³;15 年使乌梁素海水质达到Ⅴ类水的标准,需要直接从黄河引水 2.66 亿 m³。

4.5　小　　结

本章首先从湖泊生态需水内涵出发,分别介绍生态需水、生态用水、生态缺水、生态耗水及生态盈余水的概念。在此基础上,介绍湖泊生态需水的估算方法,根据乌梁素海水量水质现状以及环境保护目标,采用功能法计算不同水平年乌梁素海的生态需水量,以及确定以氨氮的稀释需水量作为污染物稀释需水量的标准,并最终确定了乌梁素海不同水质标准下需要直接从黄河引水的引水量。

1 年、10 年和 15 年达到Ⅳ类水的标准,乌梁素海生态需水量为 6.41 亿 m³、4.09 亿 m³ 和 3.87 亿 m³;1 年、10 年和 15 年达到Ⅴ类水的标准,乌梁素海生态需水量为 4.94 亿 m³、3.30 亿 m³ 和 2.95 亿 m³。

1 年、10 年和 15 年达到Ⅳ类水的标准,需要直接从黄河引水 6.12 亿 m³、3.80 亿 m³ 和 3.58 亿 m³;1 年、10 年和 15 年达到Ⅴ类水的标准,需要直接从黄河引水 4.65 亿 m³、3.01 亿 m³ 和 2.66 亿 m³。

第5章 乌梁素海生态补水模型建立及求解

5.1 乌梁素海生态补水模型

黄河年径流多年平均为 580 亿 m³,一般年份黄河可供利用水量约为 370 亿 m³,20 世纪 90 年代以来,连年干旱,来水极枯,造成缺水严重。沿黄地区随着国民经济的不断发展,工农业生产和人们生活用水急剧增加。黄河水资源主要用于农业灌溉,约占总耗水量的 92%,全河灌溉耗水量 80% 以上集中在宁蒙引黄灌区、汾渭河谷盆地及下游引黄灌区。其中黄河内蒙古段引水量由 1950 年的 37.4 亿 m³ 增加到 1996 年为 70 亿 m³,灌溉面积由 400 万亩发展到 1050 万亩,而农业用水具有较强的季节性,主要集中在 10～11 月的冬灌期和 3～6 月的春灌期,尤其在春灌季节,上下游同时用水,形成全河用水高峰,而此时正值汛前,降雨较少,黄河下游经常发生断流。黄河流域水资源利用的多目标性和复杂性,要求对全流域进行统一调度,为此,本书建立生态补水模型,通过全流域统一调度,上下游补偿调节,协调沿黄各部门工业、农业、生活及生态等用水的关系,分析生态补水的可行性。

5.1.1 黄河流域概化及节点描述

生态补水要考虑流域全部的水资源,鉴于黄河流域水资源的复杂性,生态补水模型要求能够反映水资源的开发利用情况,要考虑以下两个原因:①能最大限度地反映模型真实运行情况,增强模型的实用性;②实现对水资源利用合理调控的前提是,生态补水必须是可行的,否则补水将失去意义。黄河流域水资源系统是由各供水水源、用水户、水库工程及它们之间的输水连线等组成,建立模型的目的就是要用计算机算法来表示流域水资源的功能和分析补水能力的大小,因此模型建立的第一步需要把实际的流域系统概化为由节点和连线组成的网络系统,该系统应该能够反映实际系统的主要特征及各组成部分之间的相互联系,又便于使用数学语言对系统中各种变量、参数之间的关系进行表述。

黄河流域各地区经济发展水平、生产结构和水资源开发利用目标不同,研究中依据自然地理情况,结合河段开发条件和行政区划,将全流域划分为若干个子区。将所有子区用沿河布置的节点表示,并用标号标注,如 $1,2,\cdots,n-1,n$。这样,节点就成为模型中反映物理现象和人为活动的基本单位,所有影响流域水资源配置的活动,如生活、工业和农业用水、水库蓄水和放水、自然入流和支流汇流、流域外引水、地下水的抽取等都发生在节点上,对黄河流域水资源的调控就可转化为对节点水量的调控。每个节点在某时段的水量包括四部分:节点自然入流、区间径流、节点用水以及节点出流,如图 5-1 所示。

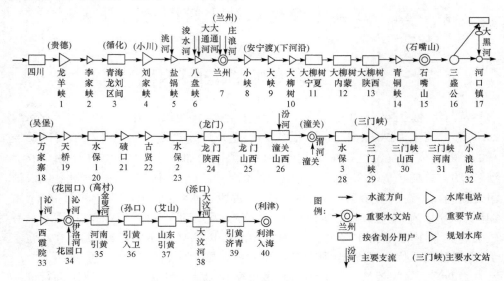

图 5-1　黄河流域节点图

5.1.2　模型变量说明

1) 水库部分

$V(m,t)$、$Z(m,t)$ 分别为第 m 个水库 t 时段的初库容、水位;

$V_{\max}(m,t)$、$V_{\min}(m,t)$、$Z_{\max}(m,t)$、$Z_{\min}(m,t)$ 分别为第 m 个水库 t 时段的初允许库容和水位的上下限;

$Q_{Ru}(m,t)$、$Q_{Rc}(m,t)$ 分别为第 m 个水库 t 时段的入库、出库流量;

$Q_{LW}(m,t)$ 为第 m 个水库 t 时段的损失水量;

$Q_{Rcmin}(m,t)$、$Q_{Rcmax}(m,t)$ 分别为第 m 个水库 t 时段的最小、最大允许出库流量;

$Q_{Bu}(m,t)$、$Q_{Fmin}(m,t)$、$Q_{Fmax}(m,t)$ 分别为第 m 个水库 t 时段的最小需补水量、防凌约束的最小出库流量和最大出库流量阈值。

2) 电站部分

$N(n,t)$、$N_{\min}(n,t)$、$N_{\max}(n,t)$ 分别为第 n 个电站 t 时段的出力、允许最小出力和最大出力;

$Q_D(n,t)$、$Q_{DD}(n,t)$ 分别为第 n 个电站 t 时段的发电流量、弃水流量;

$H(n,t)$ 为第 n 个电站 t 时段的平均发电水头(径流式电站按设计水头计算);

$Q_{\text{Dmin}}(n,t)$、$Q_{\text{Dmax}}(n,t)$ 分别为第 n 个电站 t 时段的最小、最大允许过机流量;

$Z_{\text{D}}(n,t)$ 为第 n 个电站 t 时段的尾水水位;

$K(n)$ 为第 n 个电站的出力系数。

3) 河道部分

$Q_{\text{R}}(i,t)$、$Q_{\text{P}}(i,t)$、$Q_{\text{T}}(i,t)$、$Q_{\text{L}}(i,t)$、$Q_{\text{S}}(i,t)$ 分别为第 $i-1$ 节点与第 i 节点区间 t 时段的区间支流来水、区间需水、区间退水、区间损失和缺水流量;

$Q_{\text{G}}(i,t)$ 为第 $i-1$ 节点与第 i 节点区间 t 时段的实际供水量;

$Q_{\text{Y}}(i,t)$、$Q_{\text{C}}(i,t)$ 分别为第 i 节点 t 时段上一节点来水流量和本节点出流量;

$Q_{\text{fmin1}}(t)$、$Q_{\text{fmax1}}(t)$ 分别为兰州断面 t 时段防凌要求的最小和最大流量值;

$Q_{\text{fmin2}}(t)$、$Q_{\text{fmax2}}(t)$ 分别为花园口断面 t 时段防凌要求的最小和最大流量值;

$Q_{\text{Smin}}(t)$ 为维持生态平衡所要求利津断面 t 时段的最小流量值,包括汛期冲沙水量和非汛期生态基流;

$\alpha(i)$ 为第 $i-1$ 节点与第 i 节点间河段水量演算经验系数,该系数是在马斯京根演算方法的基础上推导出的适用于月、旬流量传播特点的径流演算经验参数;

$\tau(i)$、Δt 分别为河段水流传播时间、调度时段长。

5.1.3　生态补水模型的目标

根据黄河流域水资源开发利用存在的问题以及生态补水后对黄河产生的影响,生态补水模型的目标可分为三类,即防洪减灾目标、生态环境目标和水资源利用目标。同时,模型是用于描述给定运行规则情况下流域在系列年中的运行情况,上述目标也就成为确定模型运行规则的依据。

1) 防洪减灾目标

防洪减灾目标即保证防洪和防凌安全。主要是针对暴雨洪水和冰凌洪水,实际操作中,通常是通过控制水库水位和下泄流量来体现。

（1）防凌目标

$$\min[\max|Q_{\text{C}}(兰州,t-Q_{\text{f1}}(t))|] \tag{5.1}$$

$$\min[\max|Q_{\text{C}}(花园口,t-Q_{\text{f2}}(t))|] \tag{5.2}$$

式中,$Q_{\text{C}}(兰州,t)$、$Q_{\text{C}}(花园口,t)$ 分别指兰州和花园口断面 t 时段的流量;$Q_{\text{f1}}(t)$、$Q_{\text{f2}}(t)$ 分别为 t 时段兰州和花园口断面满足防凌要求的流量值,其值区间为

$$Q_{\text{fmin1}}(t) \leqslant Q_{\text{f1}}(t) \leqslant Q_{\text{fmax1}}(t) \tag{5.3}$$

$$Q_{\text{fmin2}}(t) \leqslant Q_{\text{f2}}(t) \leqslant Q_{\text{fmax2}}(t) \tag{5.4}$$

（2）控制水库防洪水位及下泄流量,确保大坝水库及下游地区安全

$$Z_{\min}(m,t) \leqslant Z(m,t) \leqslant Z_{\max}(m,t) \tag{5.5}$$

$$Q_{\text{Rcmin}}(m,t) \leqslant Q_{\text{Rc}}(m,t) \leqslant Q_{\text{Rcmax}}(m,t) \tag{5.6}$$

式中,$Z(m,t)$、$Q_{\text{Rc}}(m,t)$ 分别为第 m 水库 t 时段的水库水位和下泄流量。

2）生态目标

生态目标即提供必要的生态环境用水，维持黄河流域生态系统平衡和健康生命。

（1）通过生产实践证明，为解决冲沙和断流问题，必须保证利津断面一定流量。

$$Q_{Smin}(t) \leqslant Q_C(利津, t) \tag{5.7}$$

式中，$Q_C(利津, t)$指利津断面 t 时段的流量。

（2）控制节点主要污染物排放量和保证水质达到要求。

（3）满足乌梁素海生态补水要求和黄河下游生态用水要求。

3）水资源利用目标

水资源利用目标：追求缺水量最小并且分布合理，重点解决地区间的水量合理分配及不同需水部门的水量分配问题。在干旱年份，供水量不能满足需水要求时，通过合理调度，优化径流时空分布过程，使缺水量最小且分布合理。在实现上述目标的前提下，寻求上游梯级水库以及三门峡、小浪底两库的合理运行方式，提高发电效益。

（1）缺水量最小目标

$$\min(w) = \sum_{i=1}^{N} \sum_{t=1}^{T} \{\theta(t)[Q_P(i,t) - Q_G(i,t)]\Delta T(t)\} \tag{5.8}$$

式中，w 为缺水量，i 为供水子系统的编号，根据节点图，$i=1,2,\cdots,35$；t 为计算总时段，$t=1,2,\cdots,T$。$\theta(t)$ 为 t 时段缺水判别系数，当 $Q_P(i,t)-Q_G(i,t)<0$ 时，$\theta(t)$ 为 1，当 $Q_P(i,t)-Q_G(i,t)>0$ 时，$\theta(t)$ 为 0。

（2）发电量目标

$$\max E = \sum_{i=1}^{N} \sum_{t=1}^{T} [N(i,t) \times \Delta T(t)] \tag{5.9}$$

式中，E 为总发电量；$N(i,t)$ 为第 i 个子系统在第 t 时段的平均出力。

5.1.4　约束条件

1）节点平衡约束

当不考虑水量传播因素时：

$$Q_C(i,t) = Q_C(i-1,t) + Q_R(i,t) - Q_G(i,t) - Q_L(i,t) + Q_T(i,t) \tag{5.10}$$

第 i 节点出流应等于上一节点 $i-1$ 出流与区间来水之和扣除区间实际供水及区间损失再加上区间退水，如图 5-2 所示。

考虑水量传播因素：

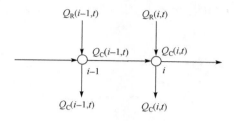

图 5-2　节点水量平衡图

$$Q_C(i,t) = Q_Y(i,t) + \kappa\gamma\alpha(i)Q_R(i,t-1) + [1-\kappa\gamma\alpha(i)]Q_R(i,t)$$
$$-\kappa p\alpha(i)Q_G(i,t-1) - [1-\kappa p\alpha(i)]Q_G(i,t) + \kappa t\alpha(i)Q_T(i,t-1)$$
$$+[1-\kappa t\alpha(i)]Q_T(i,t) - Q_L(i,t) \tag{5.11}$$

式中，kr、kp、kt 分别为区间来水、区间供水、区间退水项水量传播折扣系数。其中，$Q_Y(i,t)$ 满足节点间水流连续性约束。

2）节点间水流连续性约束

$$Q_Y(i,t) = \alpha(i)Q_C(i-1,t-1) + (1-\alpha(i))Q_C(i-1,t) \tag{5.12}$$

$$\alpha(i) = K(i)/\tau(i) \tag{5.13}$$

3）水库水量平衡约束

$$V(m,t+1) = V(m,t) + (Q_{Ru}(m,t) - Q_{Rc}(m,t)) \times \Delta T(t) - Q_{LW}(m,t) \tag{5.14}$$

4）水库库容约束

$$V_{min}(m,t) \leqslant V(m,t) \leqslant V_{max}(m,t) \tag{5.15}$$

式中，$V_{min}(m,t)$ 一般为死库容；$V_{max}(m,t)$ 为允许的最大库容，非汛期一般为正常蓄水位下的库容，汛期为防洪限制水位下的库容，适当抬高汛限水位可实现洪水资源化。

5）防凌约束

$$Q_{Fmin}(m,t) \leqslant Q_{Rc}(m,t) \leqslant Q_{Fmax}(m,t) \tag{5.16}$$

上述防凌约束主要针对刘家峡水库和小浪底水库而言。

6）出库流量约束

$$Q_{Rcmin}(m,t) \leqslant Q_{Rc}(m,t) \leqslant Q_{Rcmax}(m,t) \tag{5.17}$$

式中，$Q_{Rcmin}(m,t)$ 的确定与为满足各省区用水水库最小需供水量 $Q_{Bu}(m,t)$、防凌要求的 $Q_{Fmin}(m,t)$ 以及生态要求的 $Q_{Smin}(t)$ 有关。$Q_{Rcmax}(m,t)$ 与最大过机流量 $Q_{Dmax}(n,t)$、防凌要求的 $Q_{Fmax}(m,t)$ 有关。

7）出力约束

$$N_{min}(n,t) \leqslant N(n,t) \leqslant N_{max}(n,t) \tag{5.18}$$

式中,一般 $N_{\min}(n,t)$ 为机组技术最小出力;$N_{\max}(n,t)$ 为装机容量。

8）变量非负约束

5.1.5　生态补水模型的求解

1. 模型求解原则

因为黄河流域水资源利用的多目标性和复杂性,生态补水模型需要使用仿真技术进行研究,对生态补水进行模拟,这样就保证了补水方案的实用性、方便性和灵活性。基于上述原因,各补水方案在一定的调控措施下,均通过仿真方法来验证。

黄河控制性工程包括 4 个调节水库、6 个径流式电站,各工程主要任务不同,功能各异。上游龙羊峡至青铜峡梯级同属西北电网,在电力上互相补偿,主要以发电为主,兼顾防洪、防凌、供水,工程的调度主要实施由电力部门负责;中游三门峡和小浪底水库,主要以防洪减淤为主,兼顾供水、灌溉和发电,工程调度由水利部门负责;万家寨水库主要是为山西供水而建,库容调节能力低,对长期调度影响不大。同时,考虑目前的实际调度管理状况和各调控目标要求,确定如下模型运行的基本原则。

（1）调水的先后顺序为:在保证生活用水的前提下,优先满足生态、工业用水、农业用水。

（2）三门峡、小浪底水库的运行。三门峡、小浪底水库调度主要考虑黄河下游河段的生态和工农业用水、防凌和防洪等要求,根据黄河下游目前实际情况,上述目标的优先满足次序为:防凌防洪、生态供水、城市生活工农业供水和发电。在调度时首先发挥自身的调节作用,不能满足要求时再由上游龙羊峡、刘家峡水库进行补偿。

（3）龙羊峡、刘家峡水库放水次序原则。龙、刘水库负责满足黄河上中游河段的用水、防凌及上游梯级电力要求。根据水库单位能量水头损失最小原理,任何梯级水电站水库的蓄放水次序安排中,一般以单位水深库容小的水库先蓄后放,而单位水深库容大的后蓄先放。黄河上游梯级水电站群中,龙羊峡水库每米的库容在 2.0 亿～3.7 亿 m³,而刘家峡水库每米的库容为 0.8 亿～1.2 亿 m³,所以根据一般的规律,刘家峡水库应该先蓄后放。但是,由于黄河上游的综合利用任务繁重,刘家峡水库难于独立承担,如果按以上原则进行调度,不仅刘家峡水库能量指标增加不大,而且影响梯级电站指标和开发任务的完成,另外,目前梯级电站补偿、被补偿的效益计算尚未建立和健全,运行调度涉及各省电业部门的效益,鉴于这些原因,龙羊峡、刘家峡水库的蓄放水次序除了遵循上述原则外,研究中结合用水任务和实际调度经验进行了合理安排,主要体现在以下的龙、刘联合运行中。

（4）龙、刘两库的联合运行问题。龙、刘调度首先满足刘家峡到三门峡区间的防凌和供水要求,并对上游径流式电站进行电力补偿,满足梯级保证出力。按照上述放水次序原则,在宁蒙河段灌溉用水高峰期,当天然径流满足不了用水要求时,由于刘库库容小,并且离供水区较近,首先由刘库补水,加大下泄流量,使龙羊峡、刘家峡、盐锅峡、八盘峡、青铜峡电站在系统基荷运行,多发电量,而龙、李电站则担任调峰和备用任务,尽可能使龙库多蓄少补,避免刘库后期弃水。在凌汛前期,刘家峡水库应先放,保持必要的防凌库容,使龙羊峡水库充分蓄水,以泄放水量进行发电。在凌汛期,刘库出库受到限制,此时需由龙、李电站进行出力补偿。在发电控制运用期,为了提高水量利用率,并增加刘库发电量,把龙库作为出力补偿水库,其泄水存于刘库,以提高用水高峰期的补水量,并抬高发电水头。另外,为满足下游工农业用水、保证生态环境用水和尽量满足凌期生态补水,龙、刘水库调度时应保证河口镇断面一定的补水流量。

2. 模型求解步骤

模型求解之前,首先需计算各节点缺水量和水库补水的下限值。

1) 各节点缺水量模型

对于 $i-1$ 节点和 i 节点组成河段,若区间来水 $Q_R(i,t)$ 不能满足区间用水计划 $Q_P(i,t)$ 时,其差值 $Q_S(i,t)$ 为区间缺水,如图 5-3 所示。

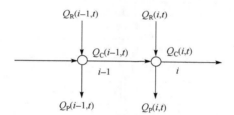

图 5-3　节点缺水量示意图

$$Q_S(i,t)=Q_R(i,t)-Q_P(i,t)-Q_L(i,t) \tag{5.19}$$

当 $Q_S(i,t)<0$ 时,有缺水,需要由 $i-1$ 节点的来水 $Q_C(i-1,t)$ 进行补偿;当 $Q_S(i,t)\geqslant 0$ 时,有余水进入下一节点。

2) 水库补水下限模型

第 m 个水库与第 $m+1$ 个水库之间各河段区间缺水之和为上游第 m 个水库供水的下限值 $Q_{bu}(m,t)$。

不考虑水量传播时间:

$$Q_{bu}(m,t)=\sum_{i=k(m)+1}^{k(m)+l(m)}Q_Q(i,t) \tag{5.20}$$

考虑传播时间:

$$Q_{bu}(m,t)=\sum_{i=k(m)+1}^{k(m)+l(m)}\left\{[1-\alpha(i)]Q_Q(i,t)+\alpha(i)Q_Q(i,t+1)\right\} \tag{5.21}$$

式中，$k(m)$为 m 水库的节点编号；$l(m)$为 m 水库直接供水的河段数。其中：

$$Q_Q(i,t)=\Delta Q(i,t)+Q_S(i,t) \tag{5.22}$$

当 $Q_Q(i,t)\leqslant 0$ 时计入式(5.19)，并有

$$\Delta Q(i+1,t)=Q_C(i,t) \tag{5.23}$$

当 $Q_Q(i,t)>0$ 时不计入式(5.19)，并有

$$\Delta Q(i+1,t)=Q_Q(i,t)+Q_C(i,t)$$
$$\Delta Q(k(m)+1,t)=0 \tag{5.24}$$

3）模型计算步骤

根据生态补水模型的原则及目标，一个时段的主要计算步骤如下，图 5-4 为模型求解流程图。

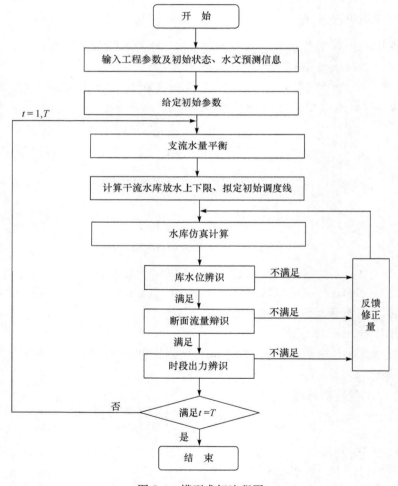

图 5-4　模型求解流程图

5.1.6　生态补水合理性评价指标体系

模型计算结果的合理性要分析补水后对黄河尤其是下游断面流量等是否会造成影响,故生态补水合理性评价指标体系包括黄河流域的梯级发电量、出力、凌期兰州和花园口等断面流量、水库调度期末水位、非汛期生态基流和汛期冲沙水量。若补水方案能满足下面所述各评价指标的要求,则认为补水方案是合理的;若不满足,则补水方案即为淘汰方案。

1) 发电量要求

对发电量的评价通常用设计多年平均发电量这一指标来衡量,因此,这里是指年电量。表 5-1 为黄河上游部分电站发电量统计表。

表 5-1　黄河上游部分电站发电量统计表

电站	设计多年平均发电量 $E_设$ /亿 kW·h	实际多年平均发电量 $E_实$/亿 kW·h	$E_实/E_设$
龙羊峡	59.42	43.13 (1989～2001 共 13 年平均)	0.73
刘家峡	57.00	45.62 (1974～2001 共 28 年平均)	0.80
盐锅峡	22.80	16.56 (1966～2001 共 36 年平均)	0.73
八盘峡	9.50	8.12 (1980～2001 共 22 年平均)	0.85
青铜峡	12.85	8.95 (1976～2001 共 26 年平均)	0.70

由表 5-1 可看出,黄河上游梯级电站实际多年平均发电量均小于设计值,根据这一事实,黄河干流梯级年发电量取为

$$E_{min} = 0.8 \times E_设 = 242.2 \text{ 亿 kW·h} \tag{5.25a}$$

$$E_{max} = 1.2 \times E_设 = 363.3 \text{ 亿 kW·h} \tag{5.25b}$$

$E_设$ 为黄河主要电站龙羊峡、李家峡、刘家峡、盐锅峡、八盘峡、大峡、青铜峡、三门峡、小浪底电站设计多年平均发电量之和。

若考虑大柳树和古贤水库的运行,其中大柳树电站是黄河上游水电基地的骨干电站,装机容量 200 万 kW,保证出力 71 万 kW,多年平均发电量 77.9 亿 kW·h;古贤水库总库容 165.57 亿 m³,长期有效库容 47.76 亿 m³,电站装机 2100MW,多年平均发电量 70.96 亿 kW·h。则此时黄河干流梯级年发电量取为

$$E'_{min} = 0.8 \times E'_设 = 361.3 \text{ 亿 kW·h} \tag{5.26a}$$

$$E'_{max} = 1.2 \times E'_设 = 541.9 \text{ 亿 kW·h} \tag{5.26b}$$

$E'_设$ 为黄河主要电站龙羊峡、李家峡、刘家峡、盐锅峡、八盘峡、大峡、青铜峡、三门峡、小浪底、大柳树、古贤电站设计多年平均发电量之和。

2）出力要求

根据电站出力要求和实际运行情况，梯级每个时段出力约束值取为

$$N_{min} = 0.8 \times N_{fm} = 2055MW \tag{5.27a}$$

$$N_{max} = N_{in} = 8750MW \tag{5.27b}$$

式中，N_{fm}为梯级保证出力；N_{in}为梯级装机容量。

3）凌期兰州和花园口断面流量值

主要河道断面流量是水量调控模型的重要控制指标，本方案设定兰州、河口镇、花园口、利津为监测断面。为满足下游工农业用水和保证生态环境用水，龙羊峡、刘家峡水库调度时应保证河口镇断面一定的补水流量，本方案河口镇补水流量为250m³/s。为解决冲沙和断流问题，必须保证利津断面一定的流量，本方案设定为50m³/s。在凌期设定兰州和花园口断面流量应满足表5-2要求。

表 5-2　凌期兰州和花园口断面流量约束　　　　　　（单位：m³/s）

时段 断面		12月	1月	2月	3月
兰州	最小值 $Q_{兰min}$	500	400	550	100
	最大值 $Q_{兰max}$	700	700	700	500
花园口	最小值 $Q_{花min}$		500	300	
	最大值 $Q_{花max}$		600	400	

4）水库调度期末水位要求

龙羊峡是一多年调节水库，其调度期末库容的大小将决定在未来年份给下游的补偿作用。在调度期末（即6月底）水库水位最小应为死水位（2530m），最大为防洪限制水位（2594m），以保证水库在汛期的安全运行。同理，刘家峡、小浪底水库水位约束为

$$\begin{cases} H_{龙min} = 2530m, & H_{龙max} = 2594m \\ H_{刘min} = 1696m, & H_{刘max} = 1725m \\ H_{小min} = 230m, & H_{小max} = 280m \end{cases} \tag{5.28}$$

5）非汛期生态基流要求

非汛期生态基流的最小值为50亿m³，根据黄河流域水资源利用情况，最大值取为100亿m³。其中最小入海流量控制在50m³/s，非汛期用水比较紧张，最大入海流量为500m³/s。

$$\begin{cases} W_{生非min} = 50亿m³, & W_{生非max} = 100亿m³ \\ Q_{生非min} = 50m³/s, & Q_{生非max} = 500m³/s \end{cases} \tag{5.29}$$

6）汛期冲沙水量要求

据研究,汛期冲沙水量多年平均需要 150 亿 m³,考虑水土保持减沙和中游骨干工程的调节作用,现状需水为 140 亿 m³,2010、2020、2030 年多年平均分别需要 130 亿 m³、125 亿 m³、120 亿 m³。综合考虑,汛期冲沙水量阈值的最小值为 110 亿 m³,最大值取为 160 亿 m³。用流量表示时,最小流量应达到 500m³/s,最大为 2000m³/s。

$$
\begin{cases}
W_{生汛min} = 110 \text{ 亿 m}^3, & W_{生汛max} = 160 \text{ 亿 m}^3 \\
Q_{生汛min} = 500\text{m}^3/\text{s}, & Q_{生汛max} = 2000\text{m}^3/\text{s}
\end{cases}
\tag{5.30}
$$

5.2　生态补水方案拟订

生态补水方案的拟订,主要考虑生态需水量和生态补水时机。其中,生态补水量根据生态需水量、槽蓄水量等来确定,生态补水时机根据农田灌溉情况、乌梁素海水质现状等来确定。

为了满足乌梁素海生态需水的要求从黄河直接引水进入乌梁素海,从而提高湖泊水位。工程上拟定从直接入湖的四条灌溉渠道引水,因此工程上需修缮拓宽包括长济、塔布、义和与同济四条引水渠道以增加从黄河的引水量和加高、加固海坝工程。

5.2.1　生态补水时机确定

1. 凌期生态补水的合理性

乌梁素海属于资源型缺水地区,区域水资源利用中存在经济发展和生态平衡之间的尖锐矛盾,生态补水要立足于当地水资源条件,协调生活、生产和生态用水,以逐步修复乌梁素海生态与环境为目标,以生态环境效益为根本,同时兼顾社会效益和节水效果。

20 世纪 90 年代以来,黄河下游连年断流,引起党和国家的高度重视,因此,黄河水利委员会规定从 2000 年到 2010 年,河套灌区的引黄指标由 50 亿 m³ 减少到 40 亿 m³。内蒙古河套灌区每年的灌溉期约为半年,即每年 4 月底~11 月初。灌区引黄灌溉全年分三个阶段,即夏灌(4 月底~6 月底)、秋灌(7 月初~9 月中旬)、秋浇(9 月下旬~10 月底,最迟至 11 月上旬)。其余为黄河封冻、流凌期、农业间休期。生态补水是利用灌溉渠道,因此生态补水期应该是农业间休期。

而在整个封冻期,黄河宁夏内蒙古河段槽蓄水增量一般为 7 亿~8 亿 m³,最多可蓄到 20 亿 m³,其首封地点一般在三湖河口至头道拐之间河段,开河时,宁蒙河段由于地理位置的影响一般会从上游向下游解冻,所以槽蓄水量的释放沿程逐渐增大,开河时的凌汛洪峰也沿程增大,在内蒙古黄河下游段会出现 2500～3000m³/s 的凌峰,易形成卡冰结坝,造成壅水漫滩或决口成灾等凌灾。

因此,在凌汛期可以适时地利用沿黄涵闸分水分凌,既可减轻凌汛威胁,又结合农田灌溉及工业生活用水,除害兴利一举两得。凌汛期涵闸分水有两种措施:一种是出现了严重险情,为防灾减灾而采取的分水分凌措施,分水分凌时要防止冰凌对水工建筑物的撞击,以及冰凌堵塞闸门和渠道;另一种是预防性分水,这是一种积极的预先分水措施,其目的是在以后的凌情变化中避免发生冰凌危害。预防性分水必须了解上游的来水情况和河道的槽蓄水量及冰盖下的安全泄量等情况,同时也要了解沿岸的用水情况,使之有计划、有针对性地进行分水。

综上所述,本次对内蒙古乌梁素海补水,采取在冰凌期进行分水。在凌期接近开河或在开河阶段,根据河槽蓄水量分布情况,利用三盛公水利枢纽进行分水,借以消减开河期的洪峰流量,为平稳开河创造有利条件。利用水闸分水防凌,同时水闸分水与乌梁素海补水相结合,使水资源得到充分利用。既可有效预防冰凌危害,又不至于对下游造成断流。主要是利用凌汛期开河时的槽蓄水量补充乌梁素海,加快湖体的交换频率,缩短污染物在乌梁素海中的停留时间,减低污染物浓度,水体流动加强后也能增加水体下层的溶解氧含量,减少内源释放。

2. 凌期补水的可行性

分析在凌期对三盛公断面进行生态补水的可行性,首先要分析宁蒙河段封开河日期以及槽蓄水增量。

在凌汛期,能对黄河产生较大威胁的凌汛主要发生在宁蒙河段。由于受河势走向的影响,这段河流是由高纬度地区流向低纬度地区。在冬季结冰期,河水首先由低纬度开始结冰,随气温的降低,结冰段逆源而上逐步向高纬度河段延伸,而在春季开河期,河流解冻首先由上段开始,从而形成黄河"自下而上流凌封冻"和"自上而下解冻开河"的特点。开河时,大量冰块蜂拥而下,而此时下游段仍处于封河状态,水流不畅,极易形成冰坝堵塞河道,导致河段壅水、槽蓄水量增加、水位上升,威胁堤防安全。加之这段河道多属宽浅型,河道比降小,水流速度慢,在冬季更容易结冰,并形成低水位封河状态。

由于宁蒙河段处于黄河流域的最北部,纬度最低,冬季严寒而漫长,基本上年年封河,属稳定封河河段。该段从头道拐至兰州一般在 12 月中旬～1 月中旬开始封河,最早在 11 月中旬封河,至 2 月下旬～3 月下旬开河,封河期约 40～100d,封河长度一般在 700km 左右。黄河凌期开河有"文开河"和"武开河"两种形式,所谓"文开河"就是黄河冰冻在没有外加动力的条件下自然解冻开河,河水平稳下泄。所谓"武开河"就是在下游冰冻还没有消融的情况下,由于上游来水加大或冰块下泄,下游水流动力增加,使下游冰冻来不及自然消融就在水流作用下破裂,河水夹冰块猛然下泄,危及大堤安全。为了使封河段以"文开河"形式开河,消除凌汛威胁,需要利用干流工程进行凌期水量调节,为"文开河"创造动力条件。一般调节原则为:在封河前适当加大上游水库出库流量,增大河道径流量,尽可能使河道以高冰盖形式封河,以增加冰下过流能力;封河期要流量均匀,流量过大容易形成"水鼓冰开",流量过小将可能出现冰盖坍塌,因此应避免流量波动过大;开河期为减小凌峰流量,应限制上游出库流量。

1) 凌汛期宁蒙河段槽蓄水量预测

河流在冬季结冰会影响水流的传播速度,使同流量条件下流速降低,而且河水的冻结和消融会改变水量的传播过程。封河时,部分水量冻结成冰滞蓄在河槽,使下断面水量减少;开河时,滞蓄的冰块融化,相对增加了区间来水,形成凌峰,且在黄河上槽蓄量在当月来水中占有较大比重。

河道封河期槽蓄量主要与封河时流量、气温(严格地说是累计负气温)有关。流量影响过水断面形态和流速,是封河的动力条件;气温影响冰层厚度。准确地预测封河期的槽蓄量,应根据封河时间、封河流量、气温等资料来计算,但限于资料和技术水平,目前还难以对这些因素作出准确的预报,也就难以建立实用、可靠的机理模型,已建立的一些模型中,由于参数获取上的原因,也极少在生产中应用,所以目前较为实用的方法是根据历史资料进行相关分析。

如前所述,影响槽蓄量的主要因素是封河流量和累计负气温,但作为预测,在实际生产中累计负气温参数不易获取,同时资料有限,本书仅就槽蓄量与封河流量作粗略分析。黄河在宁蒙河段一般在 11 月下旬~1 月上旬封河,下游河段多在 12 月下旬~2 月上旬期间封河,据此,本书选择兰州断面 12 月份平均流量作为宁蒙河段封河流量,通过对宁蒙及下游河段历史凌汛资料的分析,点绘了各河段槽蓄量过程线及槽蓄量与封河流量关系曲线,如图 5-5、图 5-6 所示。

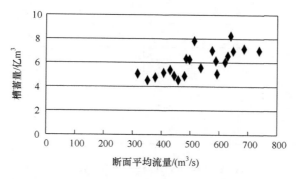

图 5-5　兰州断面 12 月平均流量与宁蒙河段槽蓄量相关图

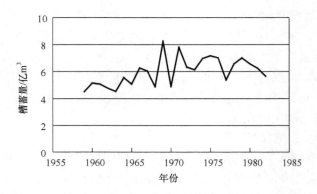

图 5-6　宁蒙河段槽蓄量过程线

由图可以看出,宁蒙河段槽蓄量与 12 月份兰州断面流量有较好的相关关系,随封河流量的增大,其槽蓄量增大,该段年年封河,多年槽蓄量在 4 亿~8 亿 m³,1959~1982 年多年平均槽蓄量 6.0 亿 m³。通过曲线拟合可得如下关系:

$$\begin{cases} W_{槽}=0.0066Q_{兰}+2.3959,\\ R=0.85 \end{cases} \tag{5.31}$$

2）凌汛期宁蒙河段槽蓄水量历史统计

内蒙古河段一般于 11 月流凌,12 月上、中旬封冻,解冻开河一般在 3 月中下旬。刘家峡和龙羊峡水库的建成运用,使河段水力因素、河道条件发生了较大变化,冰情也随之变化。河段各站多年平均流凌、封河和开河日期见表 5-3。

表 5-3　宁蒙河段各站多年平均流凌、封河和开河日期统计

站名	流凌日期(月-日)			封河日期(月-日)			开河日期(月-日)		
	1951~1967	1968~1985	1986~1996	1951~1967	1968~1985	1986~1996	1951~1967	1968~1985	1986~1996
石嘴山	11-22	11-27	12-04	12-25	1-05	1-07	3-07	3-06	2-23
巴彦高勒	11-20	11-27	12-05	12-04	12-10	12-20	3-16	3-20	3-11
三湖河口	11-18	11-16	11-19	12-01	12-03	12-10	3-18	3-24	3-20
昭君坟	11-19	11-16	11-19	12-02	12-04	12-06	3-22	3-25	3-21
头道拐	11-19	11-16	11-17	12-23	12-10	12-05	3-22	3-23	3-21

开河时,黄河上游宁蒙河段由于地理位置的影响一般会从上游向下游解冻,所以槽蓄水量的释放沿程逐渐增大,开河时的凌汛洪峰也沿程增大,详见表 5-4。

表 5-4　宁蒙河段各主要站开河期凌峰流量统计

站名	凌峰日日均流量多年均值/(m³/s)	最大凌峰		最小凌峰	
		流量/(m³/s)	出现年份	流量/(m³/s)	出现年份
巴彦高勒	807	1890	1956	600	1971
三湖河口	1251	2700	1969	800	1987
头道拐	1897	3500	1968	1000	1958

　　黄河宁蒙河段每年凌汛期因封冻冰盖等因素影响而停滞在河道中的河槽蓄水量称为槽蓄水增量。由于每年的气温和上游来水以及冰情特点不同,槽蓄水增量的多少也不同。最大槽蓄水增量的多年均值在 11 亿 m³ 左右,最多的年份达 18.98 亿 m³,出现在 1999～2000 年冬季;最小年份仅 4.51 亿 m³,出现在 1996～1997 年度凌汛期。总体趋势上,在 20 世纪 90 年代以后,除 1996～1997 年度外,槽蓄水增量比以前明显增加。从图 5-7 可以看出,在 1990 年以前,最大槽蓄水增量仅有 14 亿 m³,出现在 1976～1977 年度,在其后的几十年中,槽蓄水增量一直维持在 10 亿 m³ 左右。特别是 1982～1987 年的几年中,每年的槽蓄水增量都在 10 亿 m³ 以下。但在 1989 年以后,除 1996～1997 年度外,每年的槽蓄水增量都在 10 亿 m³ 以上,特别是 90 年代以后,槽蓄水增量屡创新高,于 1999～2000 年冬季达到极值。

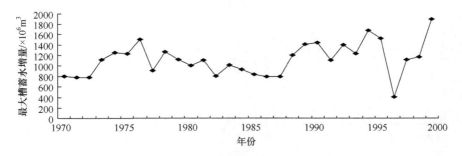

图 5-7　黄河内蒙古河段凌汛期历年最大槽蓄水增量变化曲线

　　黄河宁蒙河段的槽蓄水增量的变化是随着稳定封冻后冰盖的不断增长而增加,当封冻发展到最长时槽蓄水增量也达到最大,其后在冰盖稳定时槽蓄水增量变化不大,当气温升高冰盖开始消融时,槽蓄水增量逐渐减少,水量向下游释放,直到开河时槽蓄水量集中释放造成桃汛。

　　综上所述,在凌汛期对宁蒙河段的乌梁素海进行生态补水是可行的。

5.2.2　生态补水方案拟订

1. 补水方案拟订思路

　　首先计算不同水质目标下的乌梁素海生态需水量,分析生态补水时机、凌期开河时间、槽蓄水量及进行生态补水的可能性和大小,拟订补水方案;再根据生态补水模型来确定方案的可行性,同时考虑补水后乌梁素海的水质变化情况;最后根据补水后对发电量、出力等的影响情况、水质改善指标、经济指标评价及综合评价结果,确定推荐补水方案。补水方案拟订思路如图 5-8 所示。

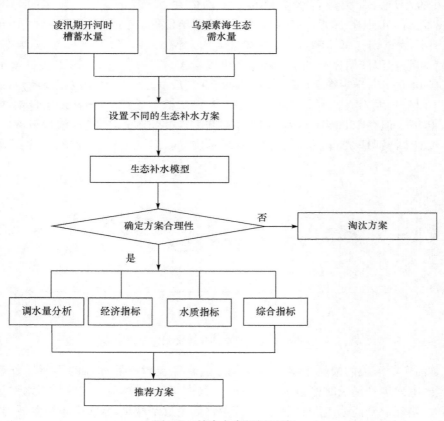

图 5-8　补水方案拟订思路

2. 生态补水方案的拟订

1) 补水时间的确定

自 2003 年以来,为改善乌梁素海水质,地方连续 5 年组织向乌梁素海人工补水,主要是利用凌汛期水位较高的时期和灌溉间歇期向乌梁素海补水。凌汛期向乌梁素海补水的情况见表 5-5。

　　从时间上看,凌汛期引黄向乌梁素海补水,一般为 3 月中旬,根据实际的补水情况来看,开始补水日期最早的是 2 月 28 日(2003 年),最晚是 3 月 23 日(2005年),结束补水的日期,最早是 3 月 23 日(2003 年),最晚是 4 月 11 日(2007 年)。补水历时一般持续 20 多天。因此,补水具体时间依据石嘴山开河期流凌时间而定,补水时间安排在 3 月中旬～4 月中旬,历时 30d。

　　引黄口是利用总干渠上的三退水闸,补水渠道为通济渠或经长塔渠(长济渠、塔布渠上首共用渠道)、长济渠、塔布渠入乌梁素海。近 5 年补水量在 0.241 亿～0.422 亿 m³,平均补水量为 0.32 亿 m³。

表 5-5　河套灌区历年凌汛期向乌梁素海补水情况统计表

年度	渠道	槽蓄水	
		时段	水量/亿 m³
2003 年	长塔渠	2 月 28 日～3 月 23 日	0.241
2004 年	通济渠	3 月 13 日～4 月 6 日	0.128
	长塔渠	3 月 10 日～4 月 7 日	0.294
	小计		0.422
2005 年	通济渠	3 月 23 日～4 月 1 日	0.042
	长塔渠	3 月 8 日～4 月 1 日	0.284
	小计		0.326
2006 年	通济渠	3 月 10 日～4 月 5 日	0.13
	长塔渠	3 月 10 日～4 月 3 日	0.185
	小计		0.315
2007 年	通济渠	3 月 12 日～4 月 11 日	0.0982
	长塔渠	3 月 1 日～4 月 11 日	0.2034
	小计		0.3016

　　每年 2～6 月,乌梁素海的主要补给源几乎全是来自上游的工业废水和生活污水,而此时乌梁素海恰好处于枯水期,稀释自净能力差,所以该时间段是乌梁素海水质最差时期。同时,开河时间一般在 3 月中旬,灌区开灌时间在 4 月 20 日前后,确定乌梁素海凌汛期补水时机安排在 3 月中旬～4 月中旬,控制总分水时间不超过 30d。综合考虑乌梁素海生态需水量、宁蒙河段开河时间、槽蓄水量,以及湖水季节性污染等问题,拟订不同的补水方案。

　　2)补水量的确定

　　由第 3 章计算可知,在现有的排干渠排水量和排放污染物的情况下,1 年、10

年和 15 年达到 IV 类水的标准,乌梁素海生态需水量为 6.41 亿 m³、4.09 亿 m³ 和 3.87 亿 m³;1 年、10 年和 15 年达到 V 类水的标准,乌梁素海生态需水量为 4.94 亿 m³、3.30 亿 m³ 和 2.95 亿 m³。1 年、10 年和 15 年达到 IV 类水的标准,需要直接 从黄河引水 6.12 亿 m³、3.80 亿 m³ 和 3.58 亿 m³;1 年、10 年和 15 年达到 V 类水 的标准,需要直接从黄河引水 4.65 亿 m³、3.01 亿 m³ 和 2.66 亿 m³。

但初步分析可知,根据湖泊的自然地理条件,若从黄河直接引水 6.12 亿 m³, 乌梁素海水域面积将扩大为现在的至少两倍,此时会淹没良田甚至需要移民,费用 较大,因此补水 6.12 亿 m³ 没有实际意义。

根据乌梁素海功能与作用分析研究,同时结合乌梁素海的水质和库容现状及 水生态系统修复要求,考虑乌梁素海的生态需水量、乌梁素海现状库容、黄河缺水 现状以及生态补水模型,而且考虑到水产、渔业、芦苇产量、旅游业、运输的发展、湿 地鸟类保护、湖泊扩张及周围环境的影响,现拟订从黄河的直接引水量分四个方案 分别计算,分别补水 0.42 亿 m³(现状)、2.4 亿 m³、3.5 亿 m³ 和 4.0 亿 m³,认为每 个水平年的生态补水方案是一样的,生态补水后乌梁素海相应调蓄库容分别为 3.2 亿 m³、4.5 亿 m³、6.0 亿 m³、7 亿 m³。

3) 补水方案拟订

根据补水时间和补水量确定四个方案,其中初始方案为不进行生态补水时的 情况,各补水方案如表 5-6 所示。

表 5-6　补水方案拟订

方案名称	补水量 /亿 m³	补水时间	3 月补水量 /亿 m³	4 月补水量 /亿 m³	补水渠道	日流量 /(m³/s)	水量 /亿 m³
方案一	0.42	3 月 16 日~ 4 月 10 日	0.25	0.17	塔布渠	5.80	0.13
					同济渠	13.61	0.29
方案二	2.4	3 月 16 日~ 4 月 10 日	1.44	0.96	义和渠	22.22	0.48
					长济渠	18.98	0.41
					塔布渠	21.30	0.46
					同济渠	49.07	1.06
方案三	3.5	3 月 16 日~ 4 月 10 日	2.13	1.37	义和渠	28.93	0.70
					长济渠	24.80	0.60
					塔布渠	27.28	0.66
					同济渠	63.66	1.54

续表

方案名称	补水量 /亿 m³	补水时间	3 月补水量 /亿 m³	4 月补水量 /亿 m³	补水渠道	日流量 /(m³/s)	水量 /亿 m³
方案四	4.0	3 月 16 日～ 4 月 10 日	2.46	1.54	义和渠	37.04	0.8
					长济渠	31.48	0.68
					塔布渠	35.19	0.76
					同济渠	81.48	1.76

5.3　生态补水计算结果

运用生态补水模型对各水平年的补水方案进行计算,考察每个方案对下游流量等各方面的影响,同时要考察是否满足黄河流域的发电量、出力、凌期兰州和花园口断面流量、水库调度期末水位、非汛期生态基流和汛期冲沙水量的要求,从而分析不同来水年和多年平均计算结果下补水方案的合理性。其中,本模型以该年花园口天然径流水量与该年花园口计划用水量的比值来确定不同的来水年,其分法如表 5-7 所示。

表 5-7　不同来水年的分类标准

比值	$b_i < 0.3$	$b_i < 0.4$	$b_i < 0.55$	$b_i < 0.6$	$b_i < 0.4$	$b_i < 0.55$	$b_i < 0.6$
来水年	特枯三级	特枯二级	特枯一级	正常	丰一级	丰二级	丰三级

注:b_i=该年花园口天然径流水量/该年花园口计划用水量。

5.3.1　现状 2005 年生态补水结果

现状 2005 年采用工业、农业节水均为 15% 的调控手段。对于四个方案,通过生态补水模型计算,可验证各方案是否满足水资源综合利用的各部门要求。表 5-8 列出现状 2005 年各方案多年平均计算结果,表 5-9 列出各方案监测断面在特枯三级的流量。

表 5-8　现状 2005 年各方案多年平均计算结果

方案名称	补水量 /亿 m³	发电量 /亿 kW·h	出力 /MW	水库调度期末 水位/m			非汛期生 态基流 /亿 m³	汛期冲 沙水量 /亿 m³
				龙羊峡	刘家峡	小浪底		
初始方案	0	315.71	3604	2557.96	1710.73	264.64	104.05	133.54
方案一	0.42	315.68	3601	2557.87	1710.68	264.61	103.65	133.51

方案名称	补水量/亿 m³	发电量/亿 kW·h	出力/MW	水库调度期末水位/m			非汛期生态基流/亿 m³	汛期冲沙水量/亿 m³
				龙羊峡	刘家峡	小浪底		
方案二	2.4	315.15	3597	2557.77	1709.78	264.59	102.37	133.48
方案三	3.5	314.96	3595	2557.68	1709.42	264.62	101.87	133.47
方案四	4.0	314.42	3587	2557.54	1709.31	264.54	100.75	132.57

表 5-9　各方案监测断面在特枯三级的流量　　　　（单位：m³/s）

方案名称	断面	7月	8月	9月	10月	11月	12月	1月	2月	3月	4月	5月	6月
初始方案	兰州	2176	936	741	628	740	656	600	553	498	832	756	1203
	河口镇	538	1227	1024	642	521	565	534	531	501	370	369	382
	花园口	1314	1340	1347	801	290	441	501	405	338	574	885	1845
	利津	812	812	1319	812	141	97	194	99	65	65	97	1043
方案一	兰州	2176	936	741	628	740	656	600	565	499	741	755	1204
	河口镇	538	1227	1024	642	521	565	538	506	460	370	362	382
	花园口	1315	1340	1346	801	290	441	501	405	338	574	885	1794
	利津	812	812	1318	812	141	97	194	99	65	65	97	1000
方案二	兰州	2176	936	741	628	740	656	600	553	497	730	755	1203
	河口镇	538	1227	1023	642	521	565	534	531	445	371	362	382
	花园口	1315	1340	1346	801	290	441	501	405	338	574	885	1805
	利津	812	812	1318	812	141	97	194	99	65	65	97	1010
方案三	兰州	2176	936	740	628	740	656	600	611	499	622	754	1204
	河口镇	538	1227	1023	642	521	565	534	581	434	367	363	382
	花园口	1315	1340	1345	801	290	441	501	405	338	574	885	1857
	利津	812	812	1317	812	141	97	194	99	65	65	97	1054
方案四	兰州	2176	936	740	628	740	656	600	613	499	587	748	1203
	河口镇	538	1227	1023	642	521	565	534	560	420	351	356	382
	花园口	1315	1340	1345	801	290	441	501	405	338	574	885	1845
	利津	812	812	1317	812	141	97	194	99	65	65	97	1043

由表 5-8 可知，在多年平均来水情况下，现状 2005 年，方案一、方案二、方案三和方案四的发电量比不进行生态补水时的初始方案分别减少 0.33 亿 kW·h、0.56 亿 kW·h、0.75 亿 kW·h 和 1.29 亿 kW·h；出力较初始方案分别减少 3MW、7MW、9MW 和 17MW；非汛期生态基流较初始方案分别减少 0.4 亿 m³、

1.68 亿 m³、2.18 亿 m³ 和 3.3 亿 m³；汛期冲沙水量较初始方案分别减少 0.03 亿 m³、0.06 亿 m³、0.07 亿 m³ 和 0.97 亿 m³。显然，补水量越大对发电量、出力等的影响越大，但各方案的发电量、出力、凌期兰州和花园口断面流量、龙羊峡，刘家峡和小浪底水库调度期末水位、非汛期生态基流和汛期冲沙水量均在允许范围之内，同时由表 5-9 知，各方案均满足各监测断面流量的要求。故在现状 2005 年，各补水方案都是可行的。

5.3.2　2015 水平年生态补水结果

同理，用模型计算 2015 水平年的四个补水方案。在 2015 水平年均采用工业、农业节水 5% 的调控手段。2015 水平年各方案计算结果如表 5-10 所示，各方案监测断面凌期在特枯二级、三级的流量如表 5-11 所示，三盛公上游部分断面 2、3、4 月的流量见表 5-12。

表 5-10　2015 水平年各方案计算结果(多年平均)

方案名称	补水量 /亿 m³	发电量 /亿 kW・h	出力 /MW	水库调度期末水位/m			非汛期生态基流 /亿 m³	汛期冲沙水量 /亿 m³
				龙羊峡	刘家峡	小浪底		
初始方案	0	301.01	3437	2554.81	170.62	260.60	76.60	123.00
方案一	0.42	300.98	3435	2554.80	170.59	260.58	76.55	122.90
方案二	2.4	300.50	3430	2554.62	1705.38	260.36	75.15	122.86
方案三	3.5	300.40	3429	2554.44	1705.02	260.28	74.80	122.80
方案四	4.0	299.45	3422	2554.31	1705.00	260.10	73.25	121.79

表 5-11　各方案监测断面凌期在特枯二级、三级的流量　(单位：m³/s)

方案	断面	特枯二级				特枯三级			
		12月	1月	2月	3月	12月	1月	2月	3月
初始方案	兰州	699	610	555	492	698	675	555	274
	河口镇	335	533	575	540	599	596	266	363
	花园口	335	502	405	417	361	501	402	415
	利津	105	284	105	70	97	259	97	65
方案一	兰州	699	610	555	493	698	675	553	274
	河口镇	335	533	575	496	599	596	266	352
	花园口	335	502	405	417	361	501	402	415
	利津	105	284	105	70	97	259	97	65

方案	断面	特枯二级				特枯三级			
		12 月	1 月	2 月	3 月	12 月	1 月	2 月	3 月
方案二	兰州	699	610	555	495	698	674	552	274
	河口镇	335	533	575	488	599	596	266	331
	花园口	335	502	405	417	361	501	402	415
	利津	105	284	105	70	97	259	97	65
方案三	兰州	699	610	555	495	698	698	550	274
	河口镇	335	533	575	467	599	599	266	316
	花园口	372	503	402	443	361	361	402	415
	利津	105	284	105	70	97	97	97	65
方案四	兰州	699	610	555	496	698	698	486	274
	河口镇	335	533	575	460	599	599	266	305
	花园口	335	502	405	417	361	361	402	415
	利津	105	284	105	70	97	97	97	65

表 5-12　三盛公上游部分断面 2、3、4 月的流量　　（单位：m^3/s）

方案名称	青铜峡			海勃湾			三盛公		
	2 月	3 月	4 月	2 月	3 月	4 月	2 月	3 月	4 月
初始方案	218	201	215	239	243	303	212	264	175
方案一	218	203	215	239	243	303	212	253	169
方案二	218	207	215	239	249	304	212	235	160
方案三	218	207	216	239	249	304	212	220	153
方案四	218	209	218	239	251	305	212	215	148

　　由表 5-10 可知，在多年平均来水情况下，2015 水平年方案一、方案二、方案三和方案四的发电量比不进行生态补水时的初始方案分别减少 0.03 亿 kW·h、0.51 亿 kW·h、0.61 亿 kW·h 和 1.56 亿 kW·h；出力较初始方案分别减少 2MW、7MW、8MW 和 15MW；非汛期生态基流较初始方案分别减少 0.05 亿 m^3、1.45 亿 m^3、1.8 亿 m^3 和 3.35 亿 m^3；汛期冲沙水量较初始方案分别减少 0.10 亿 m^3、0.14 亿 m^3、0.20 亿 m^3 和 1.21 亿 m^3。显然，补水量越大，对发电量、出力等的影响越大，但各方案的发电量、出力，各水库调度期末水位、非汛期生态基流和汛期冲沙水量均在允许范围之内。

　　由表 5-11 可知，方案一、方案二和方案三在特枯三级年份满足各监测断面流量的要求，但方案四在特枯三级年份兰州断面 2 月份流量为 486m^3/s，小于兰州断面 2 月份流量要求的最小值 550m³/s,故在 2015 水平年方案四在特枯三级年份不满足监测断面流量的要求。

由表 5-12 可知,3 月份和 4 月份在三盛公断面引水后,三盛公断面流量有所减小。但对三盛公上游断面流量没什么影响。

综上所述,在 2015 水平年方案四对发电、出力等影响比较大,而且在特枯三级年份不满足兰州断面 2 月份最小流量要求。

5.3.3　2020 水平年生态补水结果

同理,用模型计算 2020 水平年的四个补水方案。在 2030 水平年当采用工业、农业节水 2% 的调控手段时,其各方案的计算结果如表 5-13 所示,各方案监测断面在特枯年份的流量如表 5-14 所示;三盛公上游部分断面 2、3、4 月的流量如表 5-15 所示。

表 5-13　2020 水平年各方案计算结果(多年平均)

方案名称	补水量 /亿 m³	发电量 /亿 kW·h	出力 /MW	水库调度期末水位/m			非汛期生态基流 /亿 m³	汛期冲沙水量 /亿 m³
				龙羊峡	刘家峡	小浪底		
初始方案	0	290.96	3321	2552.09	1700.15	255.64	57.2	111.80
方案一	0.42	290.92	3319	2552.07	1700.12	255.54	56.85	111.58
方案二	2.4	290.42	3315	2551.88	1699.28	255.29	55.57	111.45
方案三	3.5	290.22	3313	2551.71	1699.07	255.12	55.28	111.23
方案四	4.0	289.14	3302	2551.51	1698.91	254.46	53.88	109.85

表 5-14　各方案监测断面在特枯二级年份的流量　(单位:m³/s)

	断面	7月	8月	9月	10月	11月	12月	1月	2月	3月	4月	5月	6月
初始方案	兰州	2186	860	697	711	812	693	493	561	253	263	665	1075
	河口镇	603	1151	951	681	568	582	426	365	363	305	366	384
	花园口	1295	1282	769	939	296	366	500	401	422	600	628	579
	利津	812	812	812	812	150	97	249	106	65	65	100	121
方案一	兰州	2186	860	697	711	812	693	493	558	253	263	665	1075
	河口镇	603	1151	951	681	568	582	426	364	342	298	366	384
	花园口	1295	1282	769	939	296	366	500	401	422	600	626	579
	利津	812	812	812	812	150	97	249	106	65	65	111	120

	断面	7月	8月	9月	10月	11月	12月	1月	2月	3月	4月	5月	6月
方案二	兰州	2187	860	697	711	812	693	494	552	253	264	665	1075
	河口镇	604	1151	951	681	568	582	426	363	336	267	366	384
	花园口	1296	1282	769	939	296	366	500	401	422	600	643	578
	利津	812	812	812	812	150	97	249	106	65	65	125	119
方案三	兰州	2186	860	697	711	812	693	493	550	253	264	666	1075
	河口镇	604	1151	951	681	568	582	426	362	322	260	366	384
	花园口	1294	1283	769	939	296	366	500	401	422	600	625	577
	利津	812	812	812	812	150	97	249	106	65	65	110	116
方案四	兰州	2186	860	697	711	812	693	495	508	253	265	665	1075
	河口镇	604	1151	951	681	568	582	426	360	301	238	366	384
	花园口	1294	1283	769	939	296	366	500	401	422	600	610	560
	利津	812	812	812	812	150	97	249	106	65	65	104	112

表 5-15　三盛公上游部分断面 2、3、4 月的流量　　（单位：m³/s）

方案名称	青铜峡			海勃湾			三盛公		
	2月	3月	4月	2月	3月	4月	2月	3月	4月
初始方案	218	201	215	239	243	303	212	264	175
方案一	218	203	215	239	243	303	212	253	169
方案二	218	207	215	239	249	304	212	235	160
方案三	218	207	216	239	249	304	212	220	153
方案四	218	209	218	239	251	305	212	215	148

由表 5-13 可知，在多年平均来水情况下，2020 水平年方案一、方案二、方案三和方案四的发电量比不进行生态补水时的初始方案分别减少 0.04 亿 kW·h、0.54 亿 kW·h、0.74 亿 kW·h 和 1.82 亿 kW·h；出力比初始方案分别减少 2MW、6MW、8MW 和 19MW；非汛期生态基流比初始方案分别减少 0.35 亿 m³、1.63 亿 m³、1.92 亿 m³ 和 3.32 亿 m³；汛期冲沙水量比初始方案分别减少 0.22 亿 m³、0.35 亿 m³、0.57 亿 m³ 和 1.95 亿 m³。显然，补水量越大对发电量、出力等的影响越大，但各方案的发电量、出力、龙羊峡，刘家峡和小浪底水库调度期末水位和非汛期生态基流均在允许范围之内，方案四的汛期冲沙水量为 109.85 亿 m³，不满足汛期冲沙水量最小值 110 亿 m³ 的要求。

由表 5-14 可知，方案一、方案二和方案三在特枯二级年份满足各监测断面流量的要求，但方案四在特枯二级年份兰州 2 月份流量分别为 508m³/s，小于要求的最小值 550m³/s;同时方案四在特枯二级年份河口镇 4 月份流量分别为 238m³/s,小于要求的最小值 250m³/s。故在 2020 水平年方案四在特枯二级年份不满足监测断面流量的要求。

由表 5-15 可知,3 月份和 4 月份在三盛公断面引水后,三盛公断面流量有所减小。但对三盛公上游断面流量没什么影响。

综上所述,在 2020 水平年方案四在多年平均来水条件下,不满足汛期冲沙水量的要求,对发电、流域供水等影响比较大;且在在特枯二级年份不满足兰州、河口镇监测断面断面流量的要求。

5.3.4　各不同水平年补水结果

综合以上 2005 现状年、2015 水平年和 2020 水平年的生态补水结果可以看出,方案四对流域的梯级发电量、出力、非汛期生态基流、汛期冲沙水量、供水、监测断面流量等的影响比较大,而且在 2015 水平年和 2020 水平年不符合生态补水合理性评价指标体系中监测断面流量的要求,在 2020 水平年不满足汛期冲沙水量要求,故方案四不满足流域生态补水调水量的要求,因此淘汰方案四。

5.4　小　　结

针对黄河近年来水资源短缺、凌期易发生汛情及补水要通过灌溉渠道等的实际情况,建立了生态补水模型。提出生态补水原则为全流域统一调度。生态补水模型的目标为:防洪目标、生态目标和水资源利用目标;约束条件为:节点平衡约束、节点间水流连续性约束、水库水量平衡约束等。根据生态补水合理性评价指标体系,用生态补水模型计算不同水平年各补水方案的合理性。

由生态补水时机和生态补水量拟订了三个计算水平年的生态补水方案,并对各方案进行了调节计算。根据生态补水模型合理性评价指标,对各方案进行了合理性分析。计算结果表明,方案一、方案二和方案三在 2005、2015 和 2020 水平年均满足要求,但方案四在 2015、2020 水平年对流域的梯级发电量、出力、非汛期生态基流、汛期冲沙水量、供水、监测断面流量等的影响比较大,且不满足合理性评价体系的要求,故此方案为淘汰方案。

第 6 章　　生态补水方案评价研究

6.1　乌梁素海生态补水方案评价理论及模型体系框架

6.1.1　评价的概念

基于乌梁素海生态补水的目标、特征和黄河流域社会经济－水资源－生态环境复合系统的制约关系,乌梁素海生态补水方案评价应以流域经济社会可持续发展理论为指导,流域水资源、生态经济学理论为基础,生态补水方案为主线,分析黄河流域水资源系统与乌梁素海生态补水时机-水量-水质系统之间的耦合关系,对不同的调水量和手段组成的乌梁素海生态补水方案的调水总量、水质改善和生态效益及其特征进行评价,判别各补水方案水质改善程度、生态环境的优劣、黄河流域经济社会发展的可持续水平。

6.1.2　评价的内容

不同的生态补水方案因其从黄河直接引水量的差异,故对黄河干流各部门水资源综合利用的影响、梯级水库的发电量出力的影响以及乌梁素海水质改善程度等也不同,且各方案的经济投入大小不一,显然,实现的效果也不同。乌梁素海生态补水方案大多是确定性指标,因此对此生态补水方案只进行确定性评价即可。

所谓方案确定性评价是在生态补水方案对应的补水模型输入及调水量确定不变情况下,对生态补水模型得到的补水方案效果进行的评价。其目的是对不同工程和非工程措施构成的生态补水方案所实现的经济、社会和生态环境效果,以及对所达到的水量-水质-黄河干流的可持续发展水平作出分析和判断,评价各补水方案的总体效果。

6.1.3　评价的程序

根据系统集成思想和评价理论,生态补水方案各方面的效果均是通过对众多具体指标评价实现的。因此,对方案评价的过程是依评价指标体系结构,自下而上地逐步集成过程,即由各评价指标集成得到评价准则结果,再由评价准则集成得到各目标结果,最后由各目标结果集成得到生态补水方案的总体效果,并依据总体效果判别调节方案的合理性程度。按照系统思想,各集成过程都要借助于相应的模型来实现。

　　将定性分析与定量分析相结合,在计算得到乌梁素海生态补水方案的基础上,建立评价指标体系,综合调水总量、乌梁素海水质改善以及经济效益三方面指标,对乌梁素海生态补水方案进行评价,从中推荐最优方案。据此得到生态补水方案评价的流程如图 6-1 所示。

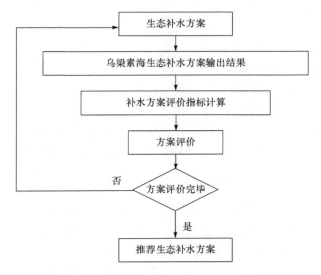

图 6-1　生态补水方案评价流程图

6.2　生态补水方案评价指标体系的建立

　　生态补水方案评价是多属性决策问题。根据多属性决策理论,补水目标要用多个准则来体现,每个准则需借助不同的指标来度量,度量各准则的指标集合即构成生态补水方案评价指标体系。从调水总量、乌梁素海水质、生态效益等方面,建立乌梁素海生态补水方案评价一般性的评价指标体系。

6.2.1　指标体系建立的原则

　　从广义上讲,乌梁素海生态补水方案评价应涉及三方面的问题:对黄河干流各部门的影响、乌梁素海水质改善情况以及生态经济效应。实际上,这三者又是密切联系、互相影响的。另外,生态补水过程中广泛存在不确定性因素,如自然、社会、经济、工程和管理等,从而导致生态补水方案存在各种风险。由于补水方案复杂、层次多,子系统既相互作用又相互影响,所以要在众多的指标中选择那些灵敏度高、可度量且内涵丰富的主导性指标作为评价因子,组成补偿调节方案评价的指标体系。在建立生态补水方案评价指标体系时,要遵守以下原则[80,81]。

(1)科学性原则。指标体系一定要建立在科学的基础之上,能够较客观、真实地反映系统的内涵,较好地度量乌梁素海生态补水的基本特征。

(2)完备性原则。要求指标体系覆盖面广,能综合反映生态补水效果的各个方面。要选择有代表性的指标,同时也要考虑到指标的合理分布。

(3)可操作性原则。选择的指标应当简单且易于解释,易于定量表达,易于取得数据。

(4)主导性原则。建立指标时应尽量选择那些有代表性的综合指标,应能反映生态补水效果的最主要特征。

(5)独立性原则。度量生态补水效果的指标易造成信息上的重叠,所以要尽量选择那些具有相对独立性的指标。

(6)动态性原则。生态补水研究考虑的是一个变化的自然系统,因此建立的指标体系就应该定期更新,能够显示出补水效果随时间变化的趋势。

6.2.2　指标体系框架

为了使评价指标体系能够满足指标建立的原则,还需要做进一步的筛选工作。筛选工作分为前期"一般性指标"的筛选(以满足科学性和完备性原则)和后期"具体指标"的筛选(以满足主导性和独立性原则)。筛选时应尽量选择那些可能受到补水措施直接或间接影响的指标;选择那些具有时间和空间动态特征的指标[82]。可采用如下的筛选方法:①采用频度统计法、理论分析法、专家咨询法设置和筛选指标以满足科学性和完备性原则;②为满足指标的主导性和独立性原则,对具体指标体系还需要进行主成分分析和独立性分析,以选择出内涵丰富又相对独立的指标构成评价指标体系。最后选出的独立指标与主成分分析第一步筛出的独立指标共同构成具体评价指标体系。

根据生态经济学的生态经济效益观,乌梁素海生态补水的生态经济系统总效益包括总调水量、湖泊水质和经济指标,每一方面的效益是由多个单体指标不同组合来体现的。不同湖泊补水的生态经济系统的结构、功能和生态经济平衡机制存在差异,评价系统总效益的指标也不尽相同,建立能适用于不同湖泊生态补水的确定性评价指标体系是很困难的,也是不必要的,但确定性评价指标体系的结构是相同的,生态补水效果要包括调水总量、湖泊水质和经济指标三个方面,每一方面的效果用多个具体指标组成的指标群来实现,三个方面指标群的集合构成评价的指标体系。

设乌梁素海生态补水方案对应生态经济系统的总效果为 U,总调水量效果、湖泊水质和生态环境效果分别用 UE、US 和 UH 表示。

若选用 N_1 个总调水量效果具体指标,则总调水量效果指标群 UE ＝

$\{UE_1, UE_2, \cdots, UE_{N_1}\}$；选用 N_2 个湖泊水质效果具体指标，则湖泊水质效果指标群 US＝$\{US_1, US_2, \cdots, US_{N_2}\}$；选用 N_3 个经济方面的具体指标，则经济方面 指标群 UH＝$\{UH_1, UH_2, \cdots, UH_{N_3}\}$。评价指标体系的结构如图 6-2 所示。

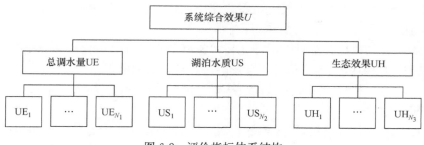

图 6-2　评价指标体系结构

6.3　方案评价模型简介

国内外评价方法有很多，从直接积分法、MC（蒙特卡罗）法、MFOSM（均值一次两阶矩）法，发展到 AFOSM（改进一次两阶矩）法、JC 法、二次矩法等，随着评价理论方法在水资源系统中的应用日趋普遍，新的评价模型也被不断地引进到水系统中来，例如：线性加权综合法[83]、层次分析法（AHP）[84~87]、模糊分析法[88~90]、灰色系统理论[91~92]等方法的研究与应用。现就几种方案评价的方法进行简单介绍。

6.3.1　线性加权综合法

在诸多多目标融合方法中，线性加权法是一种使用比较方便的方法，即当各个单一目标确定之后，多目标融合控制可以通过加权的方法来实现，权系数的大小反映了每个单一性能指标优化优先权的高低。

如果选取 m 个性能指标，那么多目标融合的性能指标为

$$y = \sum_{j=1}^{m} w_j x_j \tag{6.1}$$

式中，y 为被评价对象的综合评价值；w_j 为与评价指标 x_j 相应的权重系数，$w_j \in [0,1]$，$w_1 + w_2 + \cdots + w_m = 1 (j=1,2,\cdots,m)$；$x_j$ 为单一性能指标（$j=1,2,\cdots,m$）。

线性加权综合法具体有如下特性。

（1）它适用于各评价指标相互独立的场合，此时各评价指标对综合评价水平的贡献彼此是没有什么影响的。由于合成运算采用加和的方式，其现实关系是部分之和等于总体，若各评级指标间不独立，加和的结果必然是信息的重复，也就难以反映客观现实。

（2）线性加权综合法可以使各评价指标间得到线性的补偿。即某些指标值的

下降,可以由另一些指标的上升来补偿,任一指标值的增加都会导致综合平均水平的上升。任一指标值的减少都可以用另一指标值的相应增加来维持综合评价水平不变。所以它突出的是评价指标值中较大者的作用。

(3)线性加权综合法中权重系数的作用比在其他合成法中更加明显,且突出了指标值或指标权重较大者的作用。

(4)线性加权综合法对于标准化后的指标数据没什么特定要求,无论用来用来合成的平均值为零、为负值都不会影响综合评价值的取得。

(5)线性加权综合法简单、易用、易理解,便于推广和普及,是目前最著名和使用最广泛的方法。

(6)线性加权综合法,当权重系数预先给定时,由于各指标值之间可以线性地补偿,这种合成方法对不同被评价对象间指标评价值的差异不太敏感,从而使这种方法对区分各被评价对象之间的差异的灵敏度相对其他方法要低一些。

6.3.2　乘法合成法

为了弥补线性评价模型的缺陷,有学者提出了一种非线性加权综合法,并分析了它的特性。

所谓非线性加权综合法又叫乘法合成法,它是指用非线性模型来进行综合评价的方法。

$$y = \prod_{j=1}^{m} x_j^{w_j} \tag{6.2}$$

式中,w_j为权重系数,$x_j>1$。

令 $\ln y = u$,$\ln x_j = v_j$,则式(6.2)可写成

$$u = \sum_{j=1}^{m} w_j v_j \tag{6.3}$$

式(6.3)即为非线性加权综合评价模型。所以该非线性加权综合评价模型并不能完全消除指标数值之间的补偿性。

两种加权模型的选取原则。

(1)当各评价指标间重要程度差异较大,且各指标评价值差异不大时,采用线性加权模型比较合适。差异不大时,两者差不多,遵循简便原则应采用线性加权法。

(2)当各评价指标间重要程度差异不大时,且各指标评价值差异较大时,以采用乘法加权模型为宜。

(3)当各评价指标间重要程度差异较大,且各指标评价值差异较大时,采用两种方法的混合法为宜,即先对各指标评价值作乘法处理,然后再将各类的评价值作线性加权处理。

（4）当各评价指标间重要程度差异较小，且各指标评价值差异也不大时，用哪种评价模型都可以，根据简便原则应采用线性加权综合评价模型。

6.3.3　层次分析法

层次分析法[85,93]最早是由美国运筹学家、匹兹堡大学教授 Saaty 在 20 世纪 70 年代提出的一种实用的多因素决策方法[93]，它具有系统、灵活、简洁的优点，已经迅速地在我国科学、经济等多个领域得到了广泛的重视和应用[94,95]。层次分析法是一种定量与定性相结合，将人的主观判断用数量形式表达和处理的方法。其基本思想是，首先通过建立清晰的层次结构将复杂问题分解为若干因素，并将相关因素分组形成层次清晰的递阶结构，然后引入测度理论，通过两两比较，用相对标度将人的判断标量化，并逐层建立判断矩阵，然后求解各判断矩阵的权重，最后计算方案的综合权重并排序。简单地说，层次分析法能通过建立所谓的评判矩阵的过程，逐步分层将众多的复杂因素进行分析并与决策者的个人偏好综合起来，进行逻辑思维，然后用定量的形式表示出来，从而使决策者能把复杂问题条理化、清晰化，进而作出正确的决策。

1. 递阶层次结构的建立

构造递阶层次的过程实际上是对事物进行剖析，完成事物的评价指标层次化的过程，因此，首先需要把问题条理化、层次化，构造出一个层次分析的结构模型。元素按属性分为若干组，形成不同层次。同一层次的元素作为准则对下层元素起支配作用，并受上层元素的支配。层次可分为三类：①最高层只有一个元素，表示问题的预定目标；②中间层包括实现目标所涉及的中间环节，以及需要考虑的准则；③最底层包括为实现目标可供选择的决策方案或指标等。上层元素对下层元素的支配关系所形成的层次结构称为递阶层次结构。上一层的元素可以支配下一层的所有元素，也可以只支配其中的部分元素。支配的元素过多会给两两比较判断带来困难，各元素所支配的元素一般不要超过 9 个，其层次结构如图 6-3 所示。

2. 构造两两比较判断矩阵

当建立起层次分析的结构模型后，就要求出每一层次内各因素对上一层次有关因素的相对重要性，亦即权重。设上一层元素 C 为准则层，所支配的下一层元素为 $u_1, u_2, \cdots, u_n$，确定其对于准则 C 的权重可分两种情况：①如果 $u_1, u_2, \cdots, u_n$ 对于 C 的重要性可定量表示，权重可直接确定；②如果 $u_1, u_2, \cdots, u_n$ 对于 C 的重要性无法直接定量得出，确定权重用两两比较法。

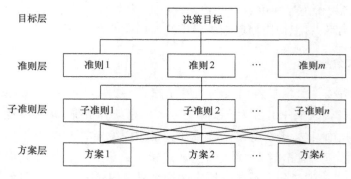

图 6-3　层次结构图

n 个元素两两比较,可得 $A=\begin{bmatrix} a_{11} & a_{12} & \cdots & a_{1n} \\ a_{21} & a_{22} & \cdots & a_{2n} \\ \vdots & \vdots & & \vdots \\ a_{n1} & a_{n2} & \cdots & a_{nn} \end{bmatrix}$,$A=(a_{ij})_{n\times n}$ 具有下列性质:$a_{ij}>0$;$a_{ij}=1/a_{ji}$;$a_{ii}=1$。n 个元素的判断矩阵只须作 $n(n-1)/2$ 个比较判断,给出其上(或下)三角的 $n(n-1)/2$ 个元素即可。

3. 准则下元素相对权重的计算

设 n 个元素 $u_1,u_2,\cdots,u_n$ 对于准则 C 的相对权重为 $w_1,w_2,\cdots,w_n$。

1) 特征根法

采用特征根法,解判断矩阵 A 的特征根问题:$AW=\lambda_{\max}W$。其中,$\lambda_{\max}$ 是 A 的最大特征根,W 是相应的特征向量,所得到的 W 经归一化后可作指标的权重向量。其中:

$$w_i = \frac{\sum\limits_{i=1}^{n} a_{ij}}{\sum\limits_{i=1}^{n}\sum\limits_{j=1}^{n} a_{ij}} \tag{6.4}$$

$$\lambda_{\max} = \frac{1}{n}\sum_{i=1}^{n}\frac{([a][w])_i^{\mathrm{T}}}{w_i} \tag{6.5}$$

2) 和法

将判断矩阵 A 的元素按列归一化,然后再按行相加,得到的行和向量经归一化可近似作为权重向量,即

$$w_i = \left(\sum_{j=1}^{n}\frac{a_{ij}}{\sum\limits_{k=1}^{n} a_{kj}}\right) \Big/ \left(\sum_{i=1}^{n}\sum_{j=1}^{n}\frac{a_{ij}}{\sum\limits_{k=1}^{n} a_{kj}}\right), \quad i=1,2,\cdots,n \tag{6.6}$$

计算步骤如下：A 的元素按列归一化；将按列归一化后的矩阵按行相加；将行和向量归一化即得权重向量；计算矩阵 A 的最大特征值 $\lambda_{\max}$：

$$\lambda_{\max} = \sum_{i=1}^{n} \frac{\mathrm{AW}_i}{n a_{1i}} = \frac{1}{n} \sum_{j=1}^{n} \frac{a_{ij} w_j}{w_i} \tag{6.7}$$

式中，$W = (w_1, w_2 \cdots w_n)$，$\mathrm{AW}_i$ 表示 AW 第 i 分量。

3）根法

将 A 的各个行向量采用几何平均，然后归一化，得到的行向量就是权重向量，其公式为

$$w_i = \left(\prod_{j=1}^{n} a_{ij} \right)^{\frac{1}{n}} \Big/ \sum_{k=1}^{n} \left(\prod_{j=1}^{n} a_{kj} \right)^{\frac{1}{n}}, \quad i = 1, 2, \cdots, n \tag{6.8}$$

计算步骤如下：A 的元素按行相乘得一新向量；将新向量的每个分量开 n 次方；将所得向量归一化即为权重向量；计算 $\lambda_{\max}$（同和法）。

4. 判断矩阵的一致性检验

构造判断矩阵时不要求判断矩阵完全一致，即不要求 $a_{ij} a_{jk} = a_{ik}$，$i, j, k = 1, 2, \cdots, n$ 成立。但是，要求判断具有大体的一致性却是必要的。如果出现"甲比乙极端重要，乙比丙极端重要，而丙又比甲极端重要"的判断显然是违反常识的。因此，需要对判断矩阵进行一致性检验，其步骤如下：

（1）计算一致性指标 $\mathrm{CI} = \dfrac{\lambda_{\max} - n}{n - 1}$；

（2）查找相应的平均随机一致性指标 RI；

（3）计算一致性比例，当 $\mathrm{CR} = \dfrac{\mathrm{CI}}{\mathrm{RI}} < 0.1$ 时，一致性可以接受，如果一致性检验结果不能令人满意，应对判断矩阵进行调整。

5. 层次总排序

层次总排序就是计算确定某一层所有因素对最高层的相对重要性排序权值。计算某层次的总排序，必须利用上一层次的总排序和本层次的单排序，而第二层对第一层的单排序同时就是第二层的总排序，这样，总排序要从最高层到最底层逐层进行。若上一层 H 包含 m 个元素（$h_1, h_2, \cdots, h_m$），其层次排序为 $\mu_1, \mu_2, \cdots, \mu_m$；下一层次 P 包含 n 个元素（$p_1, p_2, \cdots, p_n$），对于上层元素 h_i 的权重为 $\omega_{1i}, \omega_{2i}, \cdots, \omega_{ni}$，$i = 1, 2, \cdots, m$。如果 p_j 与 h_i 无关，则 $\omega_{ji} = 0$，$j = 1, 2, \cdots, n$。总排序权重如表 6-1 所示。

表 6-1　P 层对于 H 层元素的总排序权重

层次 P ＼ H	$h_1,h_2,\cdots,h_m$	层次总排序权重
	$\mu_1,\mu_2,\cdots,\mu_m$	
p_1	$\omega_{11},\omega_{12},\cdots,\omega_{1m}$	$w_1=\displaystyle\sum_{i=1}^{m}\mu_i\omega_{1i}$
p_2	$\omega_{21},\omega_{22},\cdots,\omega_{2m}$	$w_2=\displaystyle\sum_{i=1}^{m}\mu_i\omega_{2i}$
$\cdots$	$\cdots$	$\cdots$
p_n	$\omega_{n1},\omega_{n2},\cdots,\omega_{nm}$	$w_n=\displaystyle\sum_{i=1}^{m}\mu_i\omega_{ni}$

6. 总排序的一致性检验

层次总排序的一致性检验是从上到下逐层进行的。若已求得 H 层元素总排序权重值为 $\mu_1,\mu_2,\cdots,\mu_m$;P 层对于 H 层元素的一致性指标见表 6-1 中的 $\mu_i(i=1,2,\cdots,m)$,一致性指标 CI_i 与平均随机一致性指标 $RI_i(i=1,2,\cdots,m)$ 的总排序的一致性检验用下列公式来计算:

$$CI_{\sum}=\sum_{i=1}^{m}\mu_i CI_i \tag{6.9}$$

$$RI_{\sum}=\sum_{i=1}^{m}\mu_i RI_i \tag{6.10}$$

6.4　乌梁素海生态补水方案评价

根据乌梁素海各补水方案评价指标的特点,且综合以上各种方案评价方法、模型,本书中采用线性加权法将补水方案中复杂系统的决策因素定量分析,为最佳乌梁素海生态补水方案的选择提供依据。补水方案评价因素不大于 10 项,运用线性加权法可以对各因素进行相对准确的统一分析,最终得出各个方案的数值分析结果,根据结果可以对乌梁素海生态补水方案形成判断和选择。

6.4.1　线性加权法的基本分析方法

1. 悖通关系

自然数小比大好称为悖关系,相反自然数大比小好称为通关系。乌梁素海生态补水一部分是悖关系,如输水渠道修缮对黄河上梯级发电量的影响等。一些因素是通关系,如乌梁素海污染物浓度降低、水质改善程度等。

2. 量化方法

判断好评价因素的悖通关系以后,就可以对这些因素进行量化了。

通关系的量化使用归一化公式为

$$x_i = \frac{Z_i}{\sum\limits_{i=1}^{n} Z_i} \qquad (6.11)$$

悖关系的量化的归一化公式为

$$x_i = 1 - \frac{Z_i}{\sum\limits_{i=1}^{n} Z_i} \qquad (6.12)$$

式中,x_i 为因数的量化值;Z_i 为定性因素的名次或者定量因素的自然数;n 为方案个数。

3. 因素排序

待分析的因素由于重要程度不同,在评价中占的地位也不同,所以要对这些因素做重要性排序。排序方法是通过两两对比,相对重要的记 1 分,另外一个记 0 分。全部因素比较完,按照总得分从大到小排列。下面举例子说明,如表 6-2 所示。

表 6-2　计算表

因素	a_1	a_2	a_3	...	因素得分	重要性序号
a_1	1	1	1	...	3+...	1
a_2	0	1	1	...	2+...	2
a_3	0	0	1	...	1+...	3
...	...	...	...	...	...	...

a_1 与 a_1 比较记 1 分;a_1 与 a_2 比较,a_1 重要记 1 分;a_1 与 a_3 比较,a_1 重要记 1 分,以此类推,最后计算出各因素得分,再按照总得分从大到小排列。建立表格以便计算。

4. 权值系数

当因素个数不大于 10 个时,每个因素的数值对方案评价的结果影响较大,所以需要对该数值赋权值系数,以便更准确地评估该因素的真实数值。权值系数根据重要性序号和评价因素的个数,可以参考表 6-3 来确定权值系数的数值。

表 6-3　权值系数确定表

序号	1	2	3	4	5	6	7	8	9	10
1	1	0.556	0.403	0.321	0.273	0.234	0.208	0.186	0.168	0.155
2		0.444	0.322	0.259	0.213	0.194	0.173	0.157	0.144	0.133
3			0.275	0.224	0.193	0.168	0.151	0.138	0.127	0.118
4				0.196	0.170	0.149	0.134	0.123	0.114	0.106
5					0.151	0.133	0.120	0.111	0.103	0.096
6						0.122	0.111	0.102	0.095	0.089
7							0.103	0.095	0.089	0.083
8								0.088	0.083	0.077
9									0.077	0.074
10										0.069

5. 数学模型

1）权值系数

权值系数

$$A=(a_1,a_2,a_3,\cdots,a_m) \tag{6.13}$$

式中，m 为补水方案评价的因素，一般不大于 10 个。

权值系数数值可以参考表 6-3。需要注意的是权值系数各个数值相加之和为 1。

2）量化关系矩阵

量化关系矩阵

$$R=(r_{ij})_{m\times n} \tag{6.14}$$

式中，r_{ij} 为评价因素量化值；m 为评价因素个数；n 为评价方案个数。

量化关系矩阵展开后可以表示如下：

$$R=(r_{ij})_{m\times n}=\begin{bmatrix} r_{11} & r_{12} & \cdots & r_{1n} \\ r_{21} & r_{22} & \cdots & r_{2n} \\ \vdots & \vdots & & \vdots \\ r_{m1} & r_{m2} & \cdots & r_{mn} \end{bmatrix} \tag{6.15}$$

3）线性加权法公式

$$B=AOR \tag{6.16}$$

式中，B 为数值分析结果；A 为权值系数；O 为合成符号；R 为量化关系矩阵。

通过计算得到各方案的 B 值，取 B 值最大的为最优方案。

6.4.2　生态补水方案评价指标确定

1. 乌梁素海生态补水方案评价指标

如何评价引清调水模式的科学性,如何确定相对较佳的调水方案,这些问题的解决对指导湖泊调水方案的选择具有重要的理论和现实意义,但到目前为止对湖泊引清调水模式的评判研究还很少,评判的标准较为缺乏。引清调水除了要实现"以动治静,以清释污,以丰补枯,改善水质"目标外,还应该兼顾湖泊治理中的生物修复措施的水力要求,为生物成长提供适宜的外部水流条件,即从生态水力学角度对调水模式提出更高的要求。基于以上考虑,从水质改善、提供水生态适宜的水力要求以及调水经济性角度出发,对生态补水方案进行评价。

湖泊调水的基本目的有:以清释污,实现湖区总体水质改善;重点关注(点)浓度达标,如重点湖区饮用水源水质达标,重点景观区满足人们的感官、娱乐等要求;湖泊出水水质达标时间短,尽量减小出湖污水对外围水系的影响。此外还应考虑到湖泊治理中其他生态修复措施的水力要求,给生物成长提供适宜的外部水力条件,引清调水还应满足下列要求:激活水流,适当增加湖泊流速,促进水体复氧,增加耗氧污染物降解;流速分布较均匀,避免局部流速过快破坏水生植物生长环境,尽可能营造出对水中生命体生存有利的均匀流场条件;滞水区面积小,引入的水流能对全湖水体进行高效置换,减小换水"盲区"恶劣的水质对水生生物的损害;同时调水时适当降低湖泊调水水位,可以减小水生植被恢复区的水深,改善水下光照条件,促进水生植物繁殖体的萌芽和幼苗的生长。最后从经济角度考虑,在满足调水的各种功能要求的前提下总调水量应该尽量小。

基于以上要求,乌梁素海生态补水方案可以从调水量分析、水质改善和经济指标等三个方面考虑,建立对湖泊调水模式的评价指标,具体见表 6-4。

表 6-4　乌梁素海生态补水方案评价指标体系

评价视角	评价指标	说明
调水量分析	a_1调水总量	调水总量反映可利用水量
	a_2水库发电量、出力等	
	a_3对黄河干流各部门综合利用的影响	
水质改善	a_4 4 月中旬达标水体面积	
	a_5枯灌期末平均浓度	
	a_6枯灌期末达标水体面积	
	a_7丰水期末平均浓度	
	a_8丰水期末达标水体面积	
经济效益	a_9调水量水费	
	a_{10}渠道修缮	加大引水渠道过流能力

2. 乌梁素海生态补水方案评价计算（以 2015 水平年计算为例）

1）调水量分析

将调水量分析中包括的三个指标的悖通关系，以及指标数值或名次列于表6-5 中。

表 6-5　调水量分析中指标名次

指标	悖通关系	数值或名次		
		方案一	方案二	方案三
a_1 调水总量	悖关系	0.42	2.4	3.5
a_2 水库发电量、出力等	悖关系	1	2	3
a_3 对黄河干流各部门综合利用的影响	悖关系	1	2	3

2）水质改善方面

将调水量分析中包括的三个指标的悖通关系，以及指标数值或名次列于表 6-6 中，污染物指标以氨氮为准。

表 6-6　水质改善中指标名次

指标	悖通关系	数值或名次		
		方案一	方案二	方案三
a_4 4 月中旬达标水体面积/km²	通关系	10.11	28.49	46.71
a_5 枯灌期末平均浓度/(mg/L)	悖关系	3.62	2.41	1.84
a_6 枯灌期末达标水体面积/km²	通关系	3.56	7.67	10.44
a_7 丰水期末平均浓度/(mg/L)	悖关系	1.9	1.46	1.02
a_8 丰水期末达标水体面积/km²	通关系	154.3	260.7	295.57

3）经济指标方面

因为生态补水渠道是利用农业灌溉渠道，因此渠道本身过流能力较小，义和渠原来只能供给乌梁素海 2～3m³/s 流量，长济的四闸下、南稍分干渠，塔布的草闸下、北稍分干渠，以及同济干渠的过流能力都要加大。其中，方案一在 26 天内为达到 0.42 亿 m³ 引水能力的渠道加固费用如表 6-7 所示；方案二在 26 天内为达到 2.4 亿 m³ 引水能力的渠道加固费用如表 6-8 所示；方案三在 26 天内为达到 3.5 亿 m³ 引水能力的渠道加固费用如表 6-9 所示。

表 6-7　方案一 0.42 亿 m³ 引水能力的渠道加固投资费用　（单位：万元）

	总费用	第一年	第二年	第三年
义和	91.72	17.50	43.75	30.47
同济	114.60	115.13	0	0
长济四闸	113.17	35.00	78.17	0
长济南端	88.39	35.00	53.39	72.18
塔布草闸	178.75	52.50	52.50	0
塔布北端	44.87	9.87	35.00	0
西岸加固	31.50	14.00	17.50	30.47
总投资	661.96	279.00	280.31	102.65

表 6-8　方案二 2.4 亿 m³ 引水能力的渠道加固投资费用　（单位：万元）

	总费用	第一年	第二年	第三年
义和	524.13	100	250	174.13
同济	654.87	654.87	0	0
长济四闸	646.69	200	446.69	0
长济南端	505.07	200	305.07	0
塔布草闸	1012.44	300	300	412.44
塔布北端	256.41	56.41	200	0
西岸加固	180.00	80	100	0
总投资	3788.61	1594.28	1601.76	586.57

表 6-9　方案三 3.5 亿 m³ 引水能力的渠道加固投资费用　（单位：万元）

	总费用	第一年	第二年	第三年
义和	764.35	145.83	364.58	253.94
同济	955.02	955.02	0	0
长济四闸	943.09	291.67	651.42	0
长济南端	736.56	291.67	444.89	0
塔布草闸	1476.475	437.5	437.5	601.475
塔布北端	373.93	82.26	291.67	0
西岸加固	262.5	116.64	145.83	0
总投资	5511.93	2320.62	2335.89	855.42

渠道中槽储存水的价格是 1.5 分/m³，灌溉间隙以农业用水给干渠供水的供水水价为 4.1 分/m³。估计方案一、方案二和方案三的总运行费和总维护费用为 80 万元、318 万元和 550 万元左右。因此，方案一的总费用为 741.96 万元；方案二

的总费用为 4106.61 万元;方案三的总费用为 6061.93 万元。将经济效益中包括的两个指标的悖通关系,以及指标数值或名次列于表 6-10 中。

表 6-10　　水质改善中指标名次

指标	悖通关系	数值或名次		
		方案一	方案二	方案三
a_9 调水量水费	悖关系	80	318	550
a_{10} 渠道修缮	悖关系	661.96	3788.61	5511.93

4）各因素总排序

将生态补水方案的 10 各因素指标进行两两比较,其总排序见表 6-11。

表 6-11　　生态补水方案的指标总排序

序号	a_1	a_2	a_3	a_4	a_5	a_6	a_7	a_8	a_9	a_{10}	因素得分	重要性排序
a_1	1	1	1	0	0	0	0	1	1	1	6	5
a_2	0	1	1	0	0	0	0	1	1	1	5	6
a_3	1	1	1	1	1	1	1	1	1	1	10	1
a_4	1	1	0	1	0	0	1	1	1	1	7	4
a_5	1	1	0	1	1	0	1	1	1	1	9	2
a_6	1	1	0	1	0	1	1	1	1	1	8	3
a_7	0	0	0	0	0	0	1	1	1	1	4	7
a_8	0	0	0	0	0	0	0	1	1	1	3	8
a_9	0	0	0	0	0	0	0	0	1	1	2	9
a_{10}	0	0	0	0	0	0	0	0	0	1	1	10

5）乌梁素海生态补水方案评价计算

现以枯水期末达标水体面积为例子,因为枯水期末达标水体面积大比小好,所以该因素为通关系。

方案一:$x_1 = 3.56/(3.56+7.67+10.44) = 0.16$;$x_2 = 7.67/(3.56+7.67+10.44) = 0.35$;$x_3 = 10.44/(3.56+7.67+10.44) = 0.48$。

加权计算:

方案一:$B_1 = 0.16 \times 0.133 = 0.022$;$B_1 = 0.35 \times 0.133 = 0.047$;$B_1 = 0.48 \times 0.133 = 0.064$。

以下各指标如上计算,根据以上计算成果及表格,得出乌梁素海生态补水方案评价计算结果如表 6-12 所示。

表 6-12　乌梁素海生态补水方案评价计算结果表

评价因素	单位	因素排序	权值系数	方案一			方案二			方案三		
				数值或名次	量化数值	加权计算	数值或名次	量化数值	加权计算	数值或名次	量化数值	加权计算
a_5枯灌期末平均浓度	mg/L	1	0.155	3.62	0.23	0.036	2.41	0.31	0.047	1.84	0.46	0.071
a_6枯灌期末达标水体面积	km²	2	0.133	3.56	0.16	0.022	7.67	0.35	0.047	10.44	0.48	0.064
$a_4$4月中旬达标水体面积	km²	3	0.118	10.11	0.10	0.012	28.49	0.35	0.041	46.71	0.55	0.065
a_3对黄河干流各部门综合利用的影响	排序	4	0.106	1	0.50	0.053	2	0.33	0.035	3	0.17	0.018
a_2水库发电量、出力等	排序	5	0.096	1	0.50	0.048	2	0.33	0.032	3	0.17	0.016
a_7丰水期末平均浓度	mg/L	6	0.089	1.9	0.23	0.021	1.46	0.33	0.030	1.02	0.43	0.039
a_1调水总量	亿 m³	7	0.083	0.42	0.55	0.046	2.4	0.38	0.032	3.5	0.07	0.006
a_8丰水期末达标水体面积	km²	8	0.077	154.3	0.22	0.017	260.7	0.37	0.028	295.57	0.42	0.032

评价因素	单位	因素排序	权值系数	方案一			方案二			方案三		
				数值或名次	量化数值	加权计算	数值或名次	量化数值	加权计算	数值或名次	量化数值	加权计算
a_9调水量水费	万元	9	0.074	80	0.58	0.043	318	0.34	0.025	550	0.08	0.006
a_{10}渠道修缮	万元	10	0.069	661.96	0.55	0.038	3788.61	0.38	0.026	5511.93	0.07	0.005
合计			1			0.336			0.343			0.322

计算结果显示,在 2015 水平年方案一得分 0.336,方案二得分 0.343,方案三得分 0.322,方案二得分最高,所以该生态补水方案最优。同理计算 2005 现状年方案一得分 0.325,方案二得分 0.354,方案三得分 0.321,方案二得分最高;2020 现状年方案一得分 0.329,方案二得分 0.341,方案三得分 0.330,方案二得分最高;故各水平年,方案二为推荐最优方案。

6.5 乌梁素海生态补水成效

6.5.1 对乌梁素海水生态系统改善作用

乌梁素海的调蓄库容采用 4.5 亿 m³ 推荐方案,在充分考虑面源污染控制、点源污染治理,并实施入湖前的生物预处理措施、凌汛期相机补水措施等以后,乌梁素海水质可以得到明显改善。

2015 年水平可以使乌梁素海水质由现状的劣Ⅴ类水质改善为Ⅳ类水质,主要污染物 COD、氨氮的污染物浓度降低,乌梁素海严重污染的趋势初步得到遏制。乌梁素海现状退入黄河的水量,当乌梁素海按照 40m³/s 流量进行退水时,现状是在黄河干流为 200m³/s 各时段,入黄水质逐步改善。

2020 年水平可以使乌梁素海水质由现状的劣Ⅴ类水质改善为Ⅳ类水质,主要污染物 COD、氨氮的污染物浓度较 2015 年的水平又降低很多,乌梁素海严重污染的趋势初步得到遏制。乌梁素海现状退入黄河的水量,当乌梁素海按照 40m³/s 流量进行退水时,现状无论是在黄河干流为 200m³/s 且水质为Ⅲ类的年内各时段,入黄水质逐步改善基本可以实现Ⅲ类水质要求。

6.5.2 对预防内蒙古河段突发水污染发生的作用

从乌梁素海现状调度运行方式分析,乌梁素海具备造成黄河干流突发性水污染事件的基本条件,一是乌梁素海调蓄水量有向黄河排放的实际要求;二是乌梁素海目前水质为劣 V 类,具备造成突发水污染事件的污染源;三是北部山区一旦发生山洪入湖,超过乌梁素海的调蓄能力必须泄洪时,造成黄河干流突发性污染事件在所难免。按照推荐方案,乌梁素海的水质到 2015 年可以恢复到 IV 类水质,满足《黄河水功能区划分》规定的 IV 类水质管理要求,可以消除内蒙古河段突发水污染事件发生的污染源,从而消除目前对内蒙古河段水质安全造成严重威胁的乌梁素海这一重要隐患。

6.5.3　对内蒙古河段防凌的作用

内蒙古河段全长 823km,稳定封冻河段长度约 700km,其中,巴彦高勒—头道拐河段(河长 521km)是槽蓄水增量最为集中的河段。由于每年的气温和上游来水以及冰情特点不同,槽蓄水增量的变化和多少也不相同,最大槽蓄水增量的多年均值为 11 亿 m³ 左右,最多的年份达到 18.19 亿 m³(1999~2000 年冬季),最小的年份也有 4.52 亿 m³(1996~1997 年冬季)。其中石嘴山—三湖河口段槽蓄水增量平均约为 6.4 亿 m³。

按照推荐方案,乌梁素海的调蓄库容采用 4.5 亿 m³,在凌汛期直接引用黄河水 2.4 亿 m³。占石嘴山—巴彦高勒区间多年平均槽蓄水增量 4.01 亿 m³ 的 50%左右,可以减少石嘴山—巴彦高勒区间多年平均槽蓄水增量的一半;占石嘴山—头道拐区间多年平均槽蓄水增量平均约为 6.4 亿 m³ 的 31.2%,可以减少石嘴山—三湖河口区间多年平均槽蓄水增量近 1/3;占石嘴山—三湖河口区间多年平均槽蓄水增量平均约为 11.03 亿 m³ 的 18.1%,可以减少石嘴山—头道拐区间多年平均槽蓄水增量近 1/5。说明推荐的乌梁素海调蓄库容 4.5 亿 m³ 方案,对内蒙古河段防凌的作用主要集中在三湖河口以上河段,而巴彦高勒—三湖河口区间是内蒙古河段凌汛灾害作为严重的河段,尽管该方案实施凌期相机分水后不能够减少巴彦高勒—三湖河口区间冰坝形成的几率,但可以减少冰坝体上游的来水量,减轻冰坝、冰塞体的威胁程度,即使在凌汛成灾时,由于冰坝、冰塞体上游的来水量减少 2.4 亿 m³,可以减少凌汛灾害淹没范围和淹没程度。在一定程度上减轻内蒙古河段防凌的压力。

6.5.4　预防头道拐断面预警流量的作用

水利部黄河水利委员会黄水调〔2003〕18 号《黄河水量调度突发事件应急处置规定》,当黄河干流头道拐断面流量达到或小于预警流量 50m³/s 时,要立即关闭三湖河口断面以下沿黄所有农业引(提)水口门;若仍低于预警流量时,应压减或关闭北总干渠、南干渠、沈乌干渠引水口引水,必要时停止所有引水。由此,可以看出在现状情况下为防止头道拐断面断流,不得已情况下采取上述牺牲农业灌溉引水的应急处置办法。在乌梁素海水质改善的前提下,乌梁素海在头道拐断面出现预警流量时,可以向黄河干流补水 $40\text{m}^3/\text{s}$,最大可以向黄河干流补水量为 2.4 亿 m^3,补水历时为 60d 左右。在一定程度上对防止头道拐断面断流发挥作用,进而在一定程度上缓解内蒙古河段用水高峰时期用水紧张的矛盾。

6.6　小　　结

本章首先介绍乌梁素海生态补水方案评价的概念、内容以及方案评价的程序,为后续的方案评价打下理论基础。

依据方案评价指标体系建立原则,建立了乌梁素海生态补水方案指标体系框架,其中包括可调水量分析、水质改善和经济指标三方面的评价。

分别介绍线性加权综合法、乘法合成法、层次分析法、模糊综合评价模型,根据各种模型的适用条件以及乌梁素海生态补水方案的现状,采用线性加权综合法对生态补水方案进行评价。

利用线性加权综合法对乌梁素海生态补水方案进行评价,结果显示,在 2005、2010 和 2020 水平年方案二补水 2.4 亿 m^3 为相对最优的推荐方案。

针对推荐方案二,简述了此方案的生态调度成效,包括:在各水平年对乌梁素海水生态系统的改善作用,对预防内蒙古河段突发水污染发生的作用,对内蒙古河段防凌的作用,以及对预防头道拐断面预警流量的作用。

参 考 文 献

[1] Hartig J H, Thomas R L. Development of plans to restore dareas in the Great Lakes[J]. Environ Manage, 1998, 12:327-347.

[2] Shapiro J. Biomanipulation: The next phase-makingit stable[J]. Hydrobiologia, 1990, 200: 13-17.

[3] Schclske C L, Capenter S R. Michigan: Restoration of aquatic ecosystems[M]. Washington D C: National Academy Press, 1992: 380-392.

[4] Edmondson W T. Recovery of Lake Washington from Eulrophication: In Recovery and Restory and Restoration of Damaged Ecosystems[M]. University Press of Virginia Charlottesville, 1977, 102-109.

[5] Lehman J T. Control of Eutrophication in Lake Washington: In Ecological Knowledge and Environmentai Problemsoling[M]. Washington D C: National Academy Press, 1986: 301-306.

[6] Bjork S. Redevelopment of lake ecosystem-acase study approach[J]. Ambio, 1988, 17: 90-98.

[7] Lessmark O, Thörnelöf E. Liming in Sweden[J]. Water Air and Soil Pollution, 1986, 31(3/4):809-815.

[8] Wang D, Lin X Q, Yu J H, et al. Adjustment of payments for ecological benefits in traditional agricultural areas: Case study on SADO island, Japan[J]. Journal of Resources and Ecology, 2012, 3(1):1-7.

[9] Kozlov M V, Zvereva E L. A second life for old data: Global patterns in pollution ecology revealed from published observational studies[J]. Environmental Pollution, 2011, 159(5): 1067-1075.

[10] 梁彦龄,刘伙泉. 草型湖泊资源、环境与渔业生态学管理[M]. 北京:科学出版社,1995.

[11] 张勇元,陈锡涛,等. 鸭儿湖污染治理研究[J]. 水生生物学报,1983,7(1):113-124.

[12] 顾丁锡. 二十年来太湖生态环境状况的若干变化[J]. 上海师范学院学报,1983:50-59.

[13] 屠清瑛,顾丁锡,徐卓然. 巢湖——富营养研究[M]. 合肥:中国科学技术大学出版社,1990.

[14] 章申,唐以剑,等. 白洋淀区域水污染控制研究(第一集)[M]. 北京:科学出版社,1995.

[15] 张震克,王苏民,吴瑞金,等. 中国湖泊水资源问题与优化调控战略[J]. 自然资源学报, 2001,16(1):16-21.

[16] 落继征,李文朝,陈开宁. 滇池东北岸生态修复区的环境效应——抑藻效应[J]. 湖泊科学, 2004,16(2):141-148.

[17] 李宝林. 凤眼莲净化水质的利用及其所诱发的环境问题[J]. 环境保护,1994,(6):32-33.

[18] 尹澄清,兰智文,晏维金,等. 白洋淀水陆交错带对陆源营养物质的截流作用初步研究[J]. 应用生态学报,1995,6(1):76-80.

[19] 陆开宏,晏维金,苏尚安. 富营养化水体治理与修复的环境生态工程——利用明矾浆和鱼类控制桥墩水库蓝藻水华[J]. 环境科学学报,2002,22(6):732-737.

[20] 卢宏玮,曾光明,金相灿,等. 湖滨带生态系统恢复与重建的理论、技术及其应用[J]. 城市环境与城市生态,2003,16(6):91-93.

[21] 王启文,吴立波,段晶晶. 作为饮用水源的微污染湖泊水库的生态修复[J]. 机械给排水,2003:1-4.

[22] 梁宗锁,左长清. 简论生态修复与水土保持生态建设[J]. 中国水土保持,2003,(4):12-13.

[23] 包维楷,刘照光,刘庆. 生态恢复重建研究与发展现状及存在的主要问题[J]. 科技前沿与学术评论,2003,(1):44-48.

[24] 陈大为. 向扎龙湿地补水是改善该地区生态环境的有效途径[J]. 现代经济信息,2007,(6):55.

[25] 陈静. 引江济太水量水质联合调度研究[D]. 南京:河海大学,2005:40-48.

[26] 戴永翔,任玉华. 对引岳济淀生态应急补水的思考[J]. 海河水利,2005,4(2):25-27.

[27] 谢敏. 针对河流水华现象的生态调度研究[D]. 南京:河海大学,2007:27-37.

[28] 娄广艳. 新疆博斯腾湖调水量优化研究[D]. 西安:西安理工大学,2005:3.

[29] 吕新华. 大型水利工程的生态调度[J]. 科技进步与对策,2006,7:129-131.

[30] 陈静,林荷娟. 引江济太水量水质联合调度存在问题及对策[J]. 水利科技与经济,2005,11(4):213-215.

[31] 肖登满. 黑河水量调度的成就及今后可持续调水的对策[J]. 甘肃水利水电技术,2007,43(2):81-83.

[32] 汪中华,张涛,刘继军,等. 南四湖应急生态补水监测技术[M]. 郑州:黄河水利出版社,2005.

[33] 董哲仁. 筑坝河流的生态补偿[J]. 中国工程科学,2006,8(1):5-10.

[34] 蔡其华. 充分考虑河流生态系统保护因素完善水库调度方式[J]. 中国水利,2006,2:14-17.

[35] 董哲仁. 水库多目标生态调度[J]. 水利水电技术,2007,38(1):28-32.

[36] 王西琴. 河流生态需水理论、方法与应用[M]. 北京:中国水利水电出版社,2007:4.

[37] 高永胜. 河流健康生命评价与修复技术研究[D]. 北京:中国水利水电科学研究院,2006:7.

[38] Richter B D,Baumgartner J V,Wigington R,et al. How much water does a river need? [J]. Freshwater Biology,1997,37:231-249.

[39] Gippel C J,Stewardson M J. Use of the wetted perimeter in defining the minimum environmental flows [J]. Regulated Rivers:Research and Management,1998,14:53-67.

[40] Hughes M F. A Decision Support System for An Initial"Low Confidence"Estimate of the Quantity Omponent for the Reserve of Rivers [M]. Grahamstown:Rhodes University,1999:5-45.

[41] Thoms M C,Sheldon F. An ecosystem approach for determining environmental water allocations in Australian dryland river systems:The role of geomorphology[J]. Geomorphology,2002,(47):153-168.

[42] King J M,Tharme R E. Assessment of the instream flow incremental methodology and initial development of alternative instream flow methodologies for South Africa [R]. Water Research Commission Report No. 295/1/94,1994:590.

[43] Sherrard J J. Complex response of a sand-bed stream to upstream impoundment [J]. Regulated Rivers Research Management,1991,6：53-70.

[44] Karr J R. Defining and measuring river health [J]. Freshwater Biology,1999,41；221-234.

[45] Schofield N J,Davies P E. Measuring the health of our rivers [J]. Water,1996(5/6)：39-43.

[46] Boulton A J. An overview of river health assessment：Philosophies,practice,problems and prognosis [J]. Freshwater Biology,1999,41：469-479.

[47] 海热提,王文兴. 生态环境评价、规划与管理[M]. 北京：中国环境科学出版社,2004：9.

[48] 中国水电科学研究院水资源研究所. 水资源大系统优化规划及优化调度经验汇编 [M]. 北京：中国科学技术出版社,1995.

[49] 李艳霞. 博斯腾湖生态修复技术的研究[D]. 西安：西安理工大学,2007：3.

[50] 娄广艳. 新疆博斯腾湖调水量优化研究[D]. 西安：西安理工大学,2005：3.

[51] 翁文斌,惠士博. 区域水资源规划的供水可靠性分析 [J]. 水利学报,1992,(12)：33-37.

[52] 王西琴,刘昌明,杨志峰. 生态及环境需水量研究进展与前瞻[J]. 水科学进展,2002,13(4)：507-514.

[53] 张丽,董增川,丁大发. 生态需水研究进展及存在问题[J]. 中国农村水利水电,2003,(1)：13-15.

[54] 陈敏建. 流域生态需水研究进展[J]. 中国水利,2004,(20)：25-26.

[55] 倪晋仁,崔树彬,李天宏,等. 论河流生态环境需水[J]. 水利学报,2002,(9)：14-19.

[56] 王芳,梁瑞驹,杨小柳,等. 中国西北地区生态需水研究(1)——干旱半干旱地区生态需水理论分析[J]. 自然资源学报,2002,17(1)：1-8.

[57] 杨爱民,唐克旺,王浩,等. 生态用水的基本理论与计算方法[J]. 水利学报,2004,(12)：39-44.

[58] 宋进喜,王伯铎. 生态、环境需水与用水概念辨析[J]. 西北大学学报(自然科学版),2006,36(1)：153-156.

[59] 国家环境保护总局,国家质量监督检验检疫总局. 地表水环境质量标准(GB3838—2002)[S]. 2002-04-28 发布,2002-06-01 实施.

[60] 徐志侠,王浩,唐克旺,等. 吞吐型湖泊最小生态需水研究[J]. 资源科学,2005,27(3)：140-143.

[61] 徐志侠,王浩,董增川,等. 河道与湖泊生态需水理论与实践[M]. 北京：中国水利水电出社,2005：79-98.

[62] 刘燕华. 柴达木盆地水资源合理利用与生态环境保护[M]. 北京：科学出版社,2000：68-80.

[63] 崔保山,赵翔,杨志峰. 基于生态水文学原理的湖泊最小生态需水计算[J]. 生态学报,2005,25(7)：1778-1795.

[64] 刘静玲,杨志峰. 湖泊生态环境需水量计算方法研究[J]. 自然资源学报,2002,17(5)：604-609.

[65] 钱正英,张光斗. 中国可持续发展水资源战略研究综合报告及各专题报告[M]. 北京：中国水利水电出版社,2001.

[66] Peter H G. Water in Crisis: A Guide to the World's Fresh Water Resources[M]. New York: Oxford University Press, 1993.

[67] 王西琴, 张远, 刘昌明. 河道生态及环境需水理论探讨[J]. 自然资源学报, 2003, 18(2): 204-246.

[68] Falkenmark M. Coping with water scarcity under rapid population growth[C]. Conference of SADC Minsters, Pretoria, 1995: 223-224.

[69] 肖芳, 刘静玲, 杨志峰. 城市湖泊生态环境需水量计算——以北京市六海为例[J]. 水科学进展, 2004, 15(6): 781-786.

[70] 郑红星, 刘昌明, 丰华丽. 生态需水的理论内涵探讨[J]. 水科学进展, 2004, 15(5): 626-633.

[71] 杨爱民, 唐克旺, 王浩, 等. 生态用水的基本理论与计算方法[J]. 水利学报, 2002, 12: 39-44.

[72] Whipple W, DuBois J D, Grigg N, et al. A proposed approach to coordination of water resource development and environmental regulation [J]. Journal of the American Water Resources Association, 1999, 35(4): 713-716.

[73] 汤奇成. 绿洲的发展与水资源的合理利用[J]. 干旱区资源与环境, 1995, 9(3): 107-112.

[74] Wetzel R G. Plant and water in and adjacent to lakes [C]//Baird A J, Wilby R L. Eco-hydrology. London and New York: University of Cambridge Press, 1995.

[75] 王苏民, 窦鸿身. 中国湖泊志[M]. 北京: 科学出版社, 1998: 58-59.

[76] 金相灿. 中国湖泊(第一册). 北京: 海洋出版社, 2000: 105-117.

[77] 李新虎, 宋郁东, 李岳坦, 等. 湖泊最低生态水位计算方法研究[J]. 干旱区地理, 2007, 30(4): 526-529.

[78] 李经纬. 白洋淀水环境质量综合评价及生态环境需水量计算[D]. 保定: 河北农业大学, 2008: 40-48.

[79] 梁斌, 王超, 王沛芳. "引江济太"工程背景下河网稀释净污需水计算及其应用[J]. 河海大学学报(自然科学版), 2004, 32(1): 32-36.

[80] 黄河勘测规划设计有限公司. 黄河流域水资源演变的多维临界调控模式研究[R]. 国家重点基础研究发展规划项目(973)(G1999043608).

[81] 姜登岭. 区域水资源可持续利用的评价指标体系研究[J]. 水科学与工程技术, 2006, (2): 14-16.

[82] 左其亭, 王中根. 现代水文学[M]. 郑州: 黄河水利出版社, 2001.

[83] 佟春生, 畅建霞, 王义民. 系统工程的理论与方法概论[M]. 郑州: 黄河水利出版社, 2005: 179-197.

[84] 樊彦芳, 刘凌, 陈星, 等. 层次分析法在水环境安全综合评价中的应用[J]. 河海大学学报(自然科学版), 2004, (5): 512-514.

[85] 刘东, 杨振坤, 董淑杰, 等. 基于 AHP 法的我国城市供水 BOT 项目风险评价 [J]. 东北农业大学学报, 2005, 36(2): 217-221.

[86] 王好芳, 董增川. 区域水资源可持续开发评价的层次分析法[J]. 水力发电, 2002, (7): 12-14.

［87］张驰,张星,孙娟芬.基于 AHP 法的总承包模式下承包商的风险分析［J］.建筑管理现代化,2003,(3):47-50.

［88］秦奋,张喜旺,刘剑锋.基于模糊分析法的水资源承载力综合评价［J］.水资源与水工程学报,2006,17(1):1-6.

［89］陈守煜.多目标系统模糊关系优选决策理论与应用［J］.水利学报,1994,(8):62-66,71.

［90］刘春凤,翟瑞彩.基于模糊数学的水质分析［J］.天津大学学报,2003,36(1):72-76.

［91］李振全,徐建新,邹向涛,等.灰色系统理论在农业需水量预测中的应用［J］.中国农村水利水电,2005,(11):24-26.

［92］邓聚龙.多维灰色规划［M］.武汉:华中理工大学出版社,1989.

［93］Saaty S L. The Analytic Hierarchy Process ［M］. New York:McGraw-Hill Company,1980.

［94］许树柏.实用决策方法——层次分析法原理［M］.天津:天津大学出版社,1988.

［95］赵焕臣,许树柏,和金生.层次分析法［M］.北京:科学出版社,1986.